働き方の統計学

平野 茂実 著
SHIGEMI HIRANO

データ分析で考える
仕事と職場の問題

Ohmsha

本書を発行するにあたって，内容に誤りのないようできる限りの注意を払いましたが，本書の内容を適用した結果生じたこと，また，適用できなかった結果について，著者，出版社とも一切の責任を負いませんのでご了承ください．

本書に掲載されている会社名・製品名は一般に各社の登録商標または商標です．

本書は，「著作権法」によって，著作権等の権利が保護されている著作物です．本書の複製権・翻訳権・上映権・譲渡権・公衆送信権（送信可能化権を含む）は著作権者が保有しています．本書の全部または一部につき，無断で転載，複写複製，電子的装置への入力等をされると，著作権等の権利侵害となる場合があります．また，代行業者等の第三者によるスキャンやデジタル化は，たとえ個人や家庭内での利用であっても著作権法上認められておりませんので，ご注意ください．
本書の無断複写は，著作権法上の制限事項を除き，禁じられています．本書の複写複製を希望される場合は，そのつど事前に下記へ連絡して許諾を得てください．

出版者著作権管理機構
（電話 03-5244-5088，FAX 03-5244-5089，e-mail：info@jcopy.or.jp）

JCOPY ＜出版者著作権管理機構 委託出版物＞

まえがき

　統計学の入門書を買ってがんばって読んでみたけれど、途中で投げ出してしまった。そんなビジネスパーソンは多いと思います。「わかりやすい」、「やさしい」と表紙に書かれている入門書でなぜそんなことになるのでしょう。その原因は2つあると私は思っています。

　原因その1は、著者のレベルが読者層とあまりにもかけ離れているからです。特に文系ビジネスパーソンにとって、統計学の専門家や大学教授の考える「やさしい」は難しいどころの話ではありません。何を言っているのかさっぱりわかりません。一方、著者は読者が「なぜわからないのか」がわからないのです。わからない者同士ではコミュニケーションが成立しません。

　原因その2は、そもそも面白くないからです。統計学は数学という言葉で書かれた思想（考え方、ものの見方）です。数学を学ぶには地味な積み重ねが必要です。興味のない人にとってそれは苦痛でしかありません。しかし、面白くしようとすれば地味な部分を思い切り省略することになり、理解することができなくなります。私がこの本を書くにあたって、2つの原因をどうクリアしようとしたのかを説明いたします。原因その1ですが、まず私自身のことを少しだけ紹介させてください。私は文系だけしかない小さな大学で学部時代を過ごしました（その後理系だけしかない小さな大学の大学院で学びました）。大学の友人たちの多くは高校2年の段階ですでに数学とは縁を切っていました。

　現在私は企業や自治体などで研修講師をしていますが、「一次関数がわからない」、「比率や分数がわからない」という受講者にたくさん出会います。こうした経験から、私には数学を苦手とする人たちが「なぜわからないのか」がわかるのです。

　とはいえ、そうした人たちが本当に理解できるような統計学の本を書こうとすれば、中学の数学から丁寧に解説しなければなりません。特に中学2年生で学ぶ数学には文理を分けるとても大きな断層が潜んでいます（私は「中2の文理分離層」と

呼んでいます)。その部分の解説だけで優に 100 ページ以上を費やす必要があります。この本でそれを実現するのは不可能ですし、もしできたとしても読みたいとは思わないでしょう。

一方、原因その 2 はなんとかクリアできたのではないかと思います。この本は、統計学の解説であると同時に私大文系出身のビジネスパーソンを主人公にした成長物語にもなっています。主人公の白井みずきはビジネスの現場で起こる様々な問題を、習いたての統計学の知識を使っていきなり解決しようと奮闘します。特に卸売りや小売りの営業に携わっている方は「あ、それわかる!」と納得していただけるストーリーになっていると思います。みずきは「とにかく使ってみよう」というチャレンジ精神のおかげで、失敗したりすっきり解決できなかったりすることもあります。そして、その度にギモン(疑問)を感じ、キヅキ(気づき)を得ます。

統計学に詳しい方は「前提があいまいだ」、「その手法を使うのは無理がある」といったツッコミを入れたくなると思います。そこはみずきが現場で「ギモン」と「キヅキ」を通じて成長していくストーリーということで、ご容赦ください。

本書を作るにあたって神奈川大学経済学部の工藤喜美枝先生には Excel の表やグラフ、計算方法、その他に多くのアドバイスをいただきました。株式会社人材育成社の芳垣玲子取締役からはディスカッションを通じて多くのヒントやアイデアをもらいました。イオンデモンストレーションサービスの関谷昭弘氏には卸売、小売業界について多くのことを教えていただきました。そしてこの本を世に出す機会をくださったオーム社書籍編集局のみなさん、とてもすてきな絵を描いてくださったマンガ家の黒渕かしこ先生に心より感謝申し上げます。

最後に、白井みずきのモデルになった多くの研修受講者の皆さん、直接お礼を伝えることはできませんが、本当にありがとうございました。

2019 年 10 月

平野茂実

■ 本書の登場人物
■ OMフーズの人々

白井みずき
本書の主人公。OMフーズ株式会社、入社5年目の若手社員
体育会系、ネアカ、単純、数学が苦手。
人事部研修課から南支店営業部に出向する。

木下部長
人事部長。白井みずきの上司
頭脳派、皮肉屋、数学の教員免許を持つ。
社員の働き方を変えないとまずいと思っている。

火野部長
南支店営業部長
営業一筋、努力と体力の人。木下部長と同期。
営業はKKD（勘と経験と度胸）がモットー。

土田係長
南支店営業1係長。火野部長の部下
体育会系営業マン、体力と行動力に自信あり。
現在空席の課長職を2係の水野係長と競っている。

水野係長
南支店営業2係長。火野部長の部下
元経理部員。スーパーが大好きで営業担当に。1児の母。
現在空席の課長職を1係の土田係長と競っている。

■ 取引先の人々

金子さん
Sマートの店長

黒須さん
Kマートの店長

山田さん
Kマートの若手社員

03
売れている商品を理解しているか

04
顧客の気持ちを理解しているか

05
成果が出ていると思い込んでいないか

06
マーケティングを活用できているか

07
統計学で経営戦略を考える

生き残りのための
第一歩！

目次

| プロローグ | 001 |

1章 職場の「働き方」を見直そう

1・1 統計学を使う理由 ··· 009
- **統計学を学ぶ** ·· 009
  - 基本統計量 ① *010*
    - （1） 平均値 *010*
    - （2） 中央値 *011*
    - （3） 最頻値 *012*
    - （4） 最大値、最小値 *012*
- **統計学を使う** ·· 012
  - みずきの**ギモン** *014*
  - 部長の**ヒトコト** *014*

1・2 残業のジレンマ・忙しいことは良いことか ················ 015
- **統計学を学ぶ** ·· 017
  - 基本統計量 ② *017*
    - （1） 分散 *017*
    - （2） 標準偏差 *018*
- **統計学を使う** ·· 019
  - 度数分布表 *020*
  - ヒストグラム *020*

- ○ みずきの**ギモン** 022
- ○ 部長の**ヒトコト** 022

1・3 「残業偏差値」 023
- ■ **統計学を学ぶ** 025
  - ■ 偏差値 025
- ■ **統計学を使う** 028
  - ○ みずきの**キヅキ** 031
  - ○ 部長の**ヒトコト** 031

2章 | 営業はうまくいっているのか

2・1 売上と残業時間の関係 034
- ■ **統計学を学ぶ** 035
  - ■ 散布図 036
  - ■ 相関係数 038
- ■ **統計学を使う** 041
  - ○ みずきの**ギモン** 045
  - ○ 部長の**ヒトコト** 046

2・2 顧客訪問件数と売上の関係 047
- ■ **統計学を学ぶ** 049
  - ■ 最小二乗法 049
- ■ **統計学を使う** 050
  - ○ みずきの**ギモン** 052
  - ○ 部長の**ヒトコト** 052

2・3 「限界訪問件数」 052
- ■ **統計学を学ぶ** 054
  - ■ 近似曲線の種類 054
- ■ **統計学を使う** 055
  - ○ みずきの**キヅキ** 057
  - ○ 部長の**ヒトコト** 057

3章 売れている商品を理解しているか

3・1 売れている理由は何か ……………………………… 059
- **統計学を学ぶ** ………………………………………… 061
  - 推計統計学 *062*
  - 無作為抽出 *063*
  - 正規分布 *064*
  - 標準正規分布 *066*
  - 推定 *068*
- **統計学を使う** ………………………………………… 069
  - みずきの**ギモン** *071*
  - 部長の**ヒトコト** *071*

3・2 良い商品だと言い切れるか ………………………… 072
- **統計学を学ぶ** ………………………………………… 074
  - 不偏分散 *074*
  - 区間推定 *075*
  - t 分布 *075*
  - 区間推定の式 *076*
- **統計学を使う** ………………………………………… 078
  - みずきの**ギモン** *079*
  - 部長の**ヒトコト** *079*

4章 顧客の気持ちを理解しているか

4・1 得意先を分類してみる ……………………………… 081
- **統計学を学ぶ** ………………………………………… 083
  - 質的データ *083*
    - （1） 名義尺度 *083*
    - （2） 順序尺度 *083*
  - 量的データ *083*

　　　　　（3）　間隔尺度　*083*
　　　　　（4）　比例尺度　*083*
　　　■　クロス集計表　*084*
　■　**統計学を使う**･････････････････････････････････ *084*
　　　○　みずきの**キヅキ**　*087*
　　　○　部長の**ヒトコト**　*088*
4・2　「お客様は神様」か?･････････････････････････････ *088*
　■　**統計学を学ぶ**･････････････････････････････････ *090*
　　　■　在庫管理　*090*
　　　■　安全在庫量　*091*
　■　**統計学を使う**･････････････････････････････････ *084*
　　　○　みずきの**ギモン**　*095*
　　　○　部長の**ヒトコト**　*095*
4・3　本当の「お客様第一」とは･･･････････････････････ *096*
　■　**統計学を学ぶ**･････････････････････････････････ *097*
　　　■　回帰式　*097*
　　　■　外挿と内挿　*098*
　■　**統計学を使う**･････････････････････････････････ *100*
　　　○　みずきの**ギモン**　*107*
　　　○　部長の**ヒトコト**　*108*

5章　成果が出ていると思い込んでいないか

5・1　統計データを使って結果を確かめる　･･････････････ *110*
　■　**統計学を学ぶ**･････････････････････････････････ *111*
　　　■　検定　*111*
　■　**統計学を使う**･････････････････････････････････ *114*
　　　○　みずきの**ギモン**　*116*
　　　○　部長の**ヒトコト**　*117*
5・2　何が結果に影響を与えているのか　････････････････ *118*
　■　**統計学を学ぶ**･････････････････････････････････ *119*

　　　　　■　ポアソン分布　*119*
　　　■　**統計学を使う**　･････････････････････････････････　121
　　　　　○　みずきの**ギモン**　*124*
　　　　　○　部長の**ヒトコト**　*124*
5・3　「働き方」を考え直す　･･････････････････････････････　125
　　　■　**統計学を学ぶ**　･････････････････････････････････　126
　　　　■　χ^2 検定　*126*
　　　　　（1）　クロス集計表　*127*
　　　　　（2）　χ^2 値　*127*
　　　■　**統計学を使う**　･････････････････････････････････　130
　　　　　○　みずきの**キヅキ**　*132*
　　　　　○　部長の**ヒトコト**　*132*

6章　マーケティングを活用できているか

6・1　売上に影響を与えているもの ①　････････････････････　134
　　　■　**統計学を学ぶ**　･････････････････････････････････　136
　　　　■　重回帰分析　*136*
　　　　　（1）　多重共線性　*143*
　　　　　（2）　疑似相関　*144*
　　　■　**統計学を使う**　･････････････････････････････････　145
　　　　　○　みずきの**ギモン**　*149*
　　　　　○　部長の**ヒトコト**　*149*
6・2　売上に影響を与えているもの ②　････････････････････　149
　　　■　**統計学を学ぶ**　･････････････････････････････････　150
　　　　■　質的データとダミー変数　*150*
　　　■　**統計学を使う**　･････････････････････････････････　150
　　　　　○　みずきの**キヅキ**　*153*
　　　　　○　部長の**ヒトコト**　*153*
6・3　売れる商品を知るには　･･･････････････････････････　154
　　　■　**統計学を学ぶ**　･････････････････････････････････　156

- 順序尺度と間隔尺度 *156*
- **統計学を使う** **157**
  - みずきの**キヅキ** *160*
  - 部長の**ヒトコト** *160*

7章 統計学で経営戦略を考える

7・1 財務会計と統計学 **162**
- **統計学を学ぶ** **164**
  - 損益分岐点分析 *165*
- **統計学を使う** **166**
  - みずきの**キヅキ** *170*
  - 部長の**ヒトコト** *170*

7・2 統計学が会社を変える **171**
- **統計学を学ぶ** **173**
- **統計学を使う** **173**

エピローグ **175**

参考文献 **179**
索引 **181**

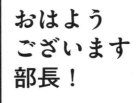

01
職場の「働き方」を見直そう

　OMフーズは、スーパーや商店などの小売店に食材を供給する中堅の食品卸売業者です。生鮮食品から加工食品、飲料や酒類まで、店頭に置いてあるあらゆる商品を扱っています。売上500億円、4つの支店を持つ専門商社ですが、OMフーズの社風をひと言で表すならば「体育会系」です。「お客様のどんな要求にも喜んでお応えします！」を社是に、営業担当が全力で奉仕する姿勢が評価されて上位の商社に肉薄する業績を上げています。

　かつてのOMフーズは長時間労働が当たり前で「残業したけりゃOMへ」などとライバル会社から陰口をたたかれることもありました。しかし「働き方改革関連法」が施行（2019年4月1日）されるタイミングで次のような施策を実施したことで、残業時間は大幅に減りました。

① 午後8時以降の残業の禁止
② 週2回午後6時に事務所フロアの一斉消灯
③ フレックスタイムの導入
④ テレワークの実施
⑤ 有給休暇取得率70%の義務化

　こうした施策の成果により、「表向きの」残業時間は減りました。ところがその実態は、実際よりも少ない時間を申告するという「隠れ残業」が横行するようになりました。今では隠れていた残業も少しずつ目立つようになってきており、経営陣もさすがにこのままではまずいと考えています。

　また、隠れ残業の多さはネットでも話題になり、新人の採用活動にも悪い影響を与えています。就職説明会を開いても、OMフーズを希望する学生がほとんど集まらないのです。人事部は「このままでは業績どころか会社の存続にかかわる」と危機感を持ち、なぜこうなってしまったのかを徹底的に調査することにしました。そ

こで、4つある支店の中で最も隠れ残業が多いと思われる南支店の営業部をその対象に選びました。

とはいえ、いきなり人事部から管理職が乗り込んでも抵抗にあうことは目に見えています。そこで、人事部長は人事部研修課の若手女子社員・白井みずきを「今後の社員教育に役立てるため、営業部の仕事を学んでくる」という名目で南支店の営業部に社内出向させることにしました。

 木下部長、おはようございます。白井です。

 おはよう白井さん。来月から1年間、南支店の営業部に出向してもらうが、よろしく頼むよ。

 はい。頑張ります！

 実は君にやってほしいことがあるんだ。

 はい、承知しています。営業の仕事をしっかり学んで、今後の社員教育に役立つ提案をすることですね。

うん、表向きはね。実は別の仕事も頼みたい。君も知ってのとおり、南支店の営業部の時間外労働時間、つまり残業の多さが社内で大きな問題になっている。

はい。知っています。

管理部門担当の役員から私に「全社で働き方改革に取り組んでいるのに営業部の残業がまったく減っていない。根本的な対策を実施せよ」と指示があった。そこで人事課長を調査に行かせようとしたら、営業担当の役員から「たくさん売るにはたくさん仕事をするしかない、だから残業が多くなるのは仕方がない。調べても無駄だ」と文句を言われた。役員さんたちは勝手なことばかり言うよね。

でも、売上を上げるためには仕方がないかもしれません。

いや、私は残業問題の根っこには何かがあると思っている。そうは言っても、当事者の営業部には見えにくいだろう。そこで君を営業部に送り込んで調べてもらおうと思っている。

ええっ！　私はスパイをするんですか？

はは。まあ、そういうこと。この件については南支店営業部長の火野さんに本当のことを伝えてあって、了承してもらっている。彼は私と同期で気心も知れているから、大丈夫だよ。もし困ったら火野さんに言えばなんとかしてくれるよ。

は、はい・・・

まあ、そう心配しないで。これからいろいろと調査をして報告をしてもらうことになるけど、大事なことを1つ言っておくね。報告するときは可能な限り形容詞を使わないこと。

形容詞って「多い、少ない、早い、遅い」という、あの語尾に「い」が付く言葉ですか？

そう。形容詞で何かを表現しようとすると内容があいまいになってしまう。たとえば残業が「多い」か「少ない」かは、人によって感じ方が違うだろう。毎月20時間残業している人からみれば、30時間の残業は「多い」し、15時間の残業は「少ない」。だから、数字を使うなどして、事実を正しく伝えるようにしてほしい。

はい、わかりました。私、国語は得意なんです。

頼もしいね。じゃあ、ついでにもう1つ。数学は得意かな？

いいえ、大の苦手です。出身はSBH48だったので。

SBHフォーティエイト？　君、アイドルグループにでも入っていたの？

いえ違います。S（私大）B（文系）H（偏差値）48の略です。入試科目に数学はありませんでした。それに、うちの会社の社員はほとんど文系か体育会系出身ですよね。数学ができる人なんているのかなあ？　もしいたら変わり者ですね。

悪かったね。僕は教育学部出身で高校の数学の教員免許を持っているよ。

す、すみません・・・でも、なぜ数学なんですか？

さっき報告するときは数字を使えと言ったよね。でも単に数字を羅列するだけじゃ何もわからない。数字に隠されている事実をわかりやすく表現することで、はじめて問題点が浮かび上がってくるんだ。そのためには基礎的な数学の知識が必要になる

はい。

そのために、君には**統計学を使って報告**してもらいたい。

と、統計学ですか？ それは無理です。「平均」くらいは知っていますが、それ以外はまったくわかりません。

そうか、君の数学力はよくわかった。でも大丈夫。統計学の入門書を10冊ほどすでに出向先に送ってある。それと毎月初めに「統計学を学ぶ」というeラーニングの動画が配信される。わからないことがあれば私が初歩の初歩から教えるからね。まあ、心配しないで。

(不安そうに) は、はい。

1・1　統計学を使う理由

　統計学を学ぶ

　統計学とは、いろいろな集団（人や物などの集まりなど）の特徴や性質を調べたり、少ない情報から将来を推測したりする学問です。統計学では調査対象の集団の

ことを**母集団**と呼びます。たとえば、ある会社の社員の平均身長が知りたければ、母集団に属している社員全員の身長を測ればわかります。しかし、母集団が「日本人全員」となると、どう考えても計測することは不可能ですから、一部のデータから全体を推測するしかありません。

母集団に属しているデータの数が有限で、**全数調査**〔または悉皆（しっかい）調査といいます〕できる場合の統計学を**記述統計学**といいます。一方、データの数が非常に多く、全部を調べることができない場合の統計学を**推測統計学**といいます。

まずは記述統計学から学んでいきましょう。

記述統計
全員の身長を測ることができる。

推測統計
全員の身長を測ることは不可能。

● 基本統計量 ①

基本統計量とは、母集団の基本的な特徴を代表する数値のことです。おなじみの平均値の他、中央値、最頻値、最大値、最小値などがあります。また、分散や標準偏差といったデータのばらつき（散らばり具合）を表す値も基本統計量に含まれています。

（1）平均値

平均値（mean：ミーン）はデータをすべて足してその個数で割った数値です。慣れ親しんだ average（アベレージ）と同じ意味ですが、統計学では mean を使います。ただし Excel の関数では AVERAGE( ) を使いますので、ちょっとややこしいですね。

たとえば、ある店で働いている従業員 5 人の給与がそれぞれ（21，22，23，24，25）万円ならば、平均値は（21 ＋ 22 ＋ 23 ＋ 24 ＋ 25）÷ 5 ＝ 23 万円です。

（2） 中央値

中央値（median：メジアン）はデータを昇順、すなわち数の小さいものから大きいものへ順に並び替えたときに真ん中に位置している値のことです。先ほどの例では 23 万円が中央値です。データの個数が偶数になると真ん中の数値がありませんので、真ん中をはさむ 2 つの数値を足して 2 で割って中央値とします。たとえば、従業員が 1 人増えて 6 人になったとします。この場合、（21，22，23，24，25，26）万円ならば、（23 ＋ 24）÷ 2 ＝ 23.5 万円が中央値です。この場合、平均値も同じく 23.5 万円です。では、なぜ中央値などという一見平均値に似たものがあるのでしょう。

次のデータは、別の店における従業員の給与です。（21，22，23，24，25，65）万円。先ほどの店と同じ 6 人ですが、平均値を計算すると 30 万円になっています。ということは、さきほどの店よりもこの店の方が「はるかに給与が良い」と言って良いのでしょうか。もちろん、そうではないことがすぐにわかると思います。1 人だけ 65 万円という極端に大きい金額をもらっている人がいるからです（店のオーナーかもしれませんね）。このように他のデータから極端に大きな、あるいは極端に小さな値のことを**外れ値**（はずれち）といいます。平均値は外れ値の影響を受けてしまうので要注意です。一方、この店の中央値は 23.5 万円です。このように中央値は外れ値の影響をあまり受けません。平均値よりも中央値の方がより「実態」に近いのではないでしょうか。

（3）最頻値

最頻値（mode：モード）は、データの集まりの中で、最も頻繁に現れる値のことです。もしこの店の給与が（22, 22, 22, 24, 25, 26）万円ならば最頻値は22万円となります。最頻値も外れ値の影響を受けないため、母集団の特徴を知る上で役に立ちます。ただし、データの数が少ないときはあまり役に立たない値です。

（4）最大値、最小値

最大値（maximum：マキシマム）は、母集団の中で最も大きい値のことです。最小値（minimum：ミニマム）は、母集団の中で、最も小さい値のことです。ある店の給与が（21, 22, 23, 24, 25, 26）万円だとすれば、最大値は26万円、最小値は21万円となります。

 統計学を使う

OMフーズの南支店にやってきたみずきは、営業部の火野部長から職場の構成と仕事の内容について説明を受けました。営業部には火野部長と管理課長の2人の管理職と30人の社員が所属しています。

営業課の仕事は顧客であるスーパーや小売店から注文を取ってくることです。1人1人に年間売上目標値（事実上のノルマ）が決められています。現在、火野営業部長が営業課長を兼任しており、1係の土田係長と2係の水野係長が次期課長の座を争っています。管理課は課長の元で売上・入金管理、総務・経理業務などを行っています。

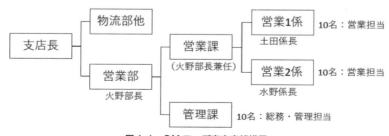

図1・1　OMフーズ南支店組織図

みずきは、さっそく管理課から営業部の昨年度1年分の個人別・月別時間外労働時間（残業時間）の一覧表〔Excel ファイル（表1・1）〕を入手しました。

表1・1 営業部・個人別残業時間の実績

課	部員No.	4月	5月	6月	7月	8月	9月	10月	11月	12月	1月	2月	3月	合計	月平均
営業課1係	1-1	25	25	20	40	45	25	34	30	30	25	24	32	355	29.6
	1-2	20	22	20	27	24	27	27	24	45	20	20	24	300	25.0
	1-3	25	24	22	25	19	32	22	21	32	22	22	30	296	24.7
	1-4	21	22	19	24	24	24	27	24	32	24	24	22	285	23.8
	1-5	26	18	16	22	21	18	21	19	22	22	16	22	243	20.3
	1-6	21	16	19	19	19	26	13	21	21	16	16	21	228	19.0
	1-7	21	15	21	19	22	16	16	21	24	13	19	24	231	19.3
	1-8	18	13	21	21	24	18	22	15	24	22	22	13	235	19.6
	1-9	15	16	13	24	16	13	22	26	18	19	22	24	236	19.7
	1-10	21	21	16	16	16	16	16	21	13	13	13	13	200	16.7
営業課2係	2-1	20	20	20	35	40	15	20	15	20	20	20	20	265	22.1
	2-2	24	21	21	22	21	21	24	24	32	21	21	24	276	23.0
	2-3	8	13	19	22	27	24	21	26	8	17	8	26	219	18.3
	2-4	27	19	16	21	13	2	7	11	19	7	27	25	194	16.2
	2-5	11	5	11	8	22	21	21	14	24	16	11	16	180	15.0
	2-6	16	16	13	21	21	18	24	15	19	21	13	3	200	16.7
	2-7	22	27	22	17	21	16	15	27	24	21	21	26	252	21.0
	2-8	13	8	22	16	8	27	21	26	14	27	26	21	229	19.1
	2-9	8	8	8	8	8	8	8	8	13	13	8	21	119	9.9
	2-10	13	14	24	13	16	19	5	16	8	13	16	7	164	13.7
管理課	S-1	15	24	19	17	15	21	21	13	24	15	15	24	223	18.6
	S-2	7	7	7	7	7	7	7	7	7	7	7	8	85	7.1
	S-3	10	21	19	18	13	24	19	21	19	22	16	21	223	18.6
	S-4	22	3	3	8	5	24	19	22	22	24	8	21	180	15.0
	S-5	16	11	7	11	13	25	13	8	2	5	8	16	135	11.3
	S-6	13	8	27	16	8	2	18	24	22	26	24	25	213	17.8
	S-7	8	13	21	21	16	21	22	19	21	21	18	21	222	18.5
	S-8	9	4	24	21	8	16	8	10	5	8	24	21	158	13.2
	S-9	10	10	10	10	10	10	10	10	10	10	10	10	120	10.0
	S-10	0	0	0	0	0	0	0	0	0	0	0	0	0	0.0
合計	合計	485	444	513	548	514	534	523	538	574	513	499	581	6266	—

1つの数値は社員1人当たりの1か月の残業時間を表しています。（単位：時間）

次にExcelの関数を使って平均値、中央値、最頻値、最大値、最小値を計算しました（表1・2）。管理課のS-10は時短（短時間勤務制度）対象者のため、残業の計算から除外してあります。

表1・2 営業部・所属別残業時間の実績

	営業部	営業課	1係	2係	管理課
平均	18.0	19.6	21.7	17.5	14.4
中央値	19.0	21.0	21.0	19.0	14.0
最頻値	21.0	21.0	21.0	21.0	21.0
最大	45.0	45.0	45.0	40.0	27.0
最小	2.0	2.0	13.0	2.0	2.0

 みずきの **ギモン**

　昨年度の営業部の残業時間は平均値（ミーン）が18時間、中央値（メジアン）が19時間、最頻値（モード）が21時間。最大値（マキシマム）が45時間になっているのは、時間外労働の限度基準の月45時間以上にならないように人事部から「指導」を受けているからでしょう。でも、こんなに少ないとは思えないな。実態はもっと残業していることを部員全員がわかっているはず。でも「正直に残業時間を申告してください。」とも言えないし、どうすればいいのかしら。

 部長の **ヒトコト**

　白井さん、ご苦労様。まず、しっかりと認識してほしいのは「隠れ残業」や「サービス残業」はルール違反だということ。たとえ自主的に行ったとしても、残業代を支払わない場合は労働基準法違反となる。それに、いきなり「隠れ残業」をあぶり出そうとしても無理だよ。まずは必要なデータを集めて、整理することが解決への1歩だ。せっかく昨年度の残業時間を一覧表にしたのだから、それを使って部員にメッセージを送る工夫をしてみたらどうだろう。

1・2 残業のジレンマ・忙しいことは良いことか

火野部長、お忙しいところを失礼します。

おお、白井さんか。スパイ活動は順調か？

やめてくださいよ〜。

はは。悪かった。詳しい事情は人事部の木下君から聞いているよ。

はい、早速ですが昨年度の残業時間の実績を調べてみました。月次の平均残業時間は1人当たり18時間ですが、昨年度の全社目標値16時間を達成できていません。今年度の目標は15時間となっていますが、達成するのはかなり難しい状況です。

それは十分わかっている。僕だって残業は減らしたいよ。でも営業は売るのが仕事だ。もし残業を全面的に禁止しても、お客様から「ちょっと来てくれる？」と連絡が入ったら夜の8時だろうと9時だろうとすっ飛んで行かなきゃならない。

はい、それはわかります。うちの社是は「お客様のどんな要求にも喜んでお応えします！」ですから。とはいっても、今の状況が続くと労基署（労働基準監督署）からにらまれたり、新人の採用で苦労したりしますので・・・

じゃあ、人事部は売上を減らしても構わないから残業するなといいたいの？いや、君を責めているわけじゃないよ。「残業が多いのは困る。でも売上が下がるのはもっと困る」というのがみんなの本音だからね。

そうですね。そのジレンマを解消しない限り今の状況は続くでしょう。どうすればいいのかわかりません。

営業部に来たばかりじゃないか。焦るには早いよ。何か手伝えることがあれば何でも言ってくれ。

はい。実は人によって残業時間にかなりの差があることに気がついたんです。管理課よりも営業課の方が多いのはわかるとしても、営業課内の残業時間にばらつきがあるようです。たとえば「残業時間ランキング」の1位から4位までが営業1係でした。特に土田係長が月平均30時間近い残業をしています。

ああ、土田君は部内でも一番仕事熱心な男だからね。「お客様は神様だ。自分は"お客様教"の信者だ」というのが口癖だしね。体力もあるし性格もいい奴だよ。

そうですか。では、明日から土田係長に張り付いて一緒に営業活動をしたいのですが、よろしいでしょうか？

いいよ。まだ土田君がいるからちょうどいい。おーい、土田君ちょっと来てくれないか！

はい部長、なんでしょうか？　これからKストアに出かけるところなので、あまり時間が取れませんが。

おお、そうか。じゃあ細かい話は後だ。しばらくの間、白井君が君に付いて営業に行くからいろいろと教えてやってくれ。よろしく頼むよ。

わかりました。俺の営業についてくるのは体力がないとかなり大変だぞ。でも、やる気があるなら大歓迎だよ。じゃあ、早速出かけるよ！

よろしくお願いします！　体力には自信があります！

 統計学を学ぶ

■ **基本統計量 ②**

　基本統計量には、前述の平均値、中央値、最頻値、最大値、最小値以外に、データのばらつきを表す分散や標準偏差という値があります。

（1）分散

　分散（variance：バリアンス）とは平均値からの散らばり具合を表す数値です。分散を計算するためには偏差を求めるところからはじめます。**偏差**とは、ある1つのデータが平均値からどれだけ離れているかを表す値です。

$$偏差 = データ － 平均値$$

　基本統計量①（**p.010**）に出てきた店の6人の給与（21, 22, 23, 24, 25, 26）万円を例にとると、平均値が23.5万円ですから6人の偏差はそれぞれの値から23.5を引いた値になります。もし6人全員の給与が等しく23.5万円だとしたら偏差は0となり「ばらつきはない」ということになります。

　次に、この店の全体の**ばらつき**を知るために、6人全員の偏差を合計してみます。するとそれぞれの偏差が打ち消しあって0になってしまいます。それでは給与のばらつきの大きさがわかりません。そこで、それぞれの偏差を2乗してマイナスを無くします。その後、全部の値を合計し、データの数で割って（平均して）ばらつきの大きさを表す値とします。

　その値が分散です。分散を知ることができれば、母集団に含まれるデータのばらつき具合がはっきりと数値でわかります。分散を求めるExcelの関数は=VAR.P( )です（表 **1・3**）。

表 1・3 ある店の給与（万円）

No.	給与	−	平均値	=	偏差	偏差の 2 乗
1	21	−	23.5	=	−2.5	6.25
2	22	−	23.5	=	−1.5	2.25
3	23	−	23.5	=	−0.5	0.25
4	24	−	23.5	=	0.5	0.25
5	25	−	23.5	=	1.5	2.25
6	26	−	23.5	=	2.5	6.25
					合計	17.5 ÷6= 2.917

（2） 標準偏差

分散の平方根を**標準偏差**（standard deviation：スタンダードディビエーション）といいます。

$$標準偏差 = \sqrt{分散}$$

なぜ分散というばらつきを表す値があるのにわざわざ標準偏差を求めるのでしょう。その理由は、偏差を 2 乗しているので元のデータの数値と単位が異なってしまっているからです。この店の例では、分散 2.917 の単位は「万円の 2 乗」ということになります。「この店の給与のばらつきは 2.917 万円^2」と言われてもピンときませ

ん。また、偏差が大きい（平均値から大きく離れた）データがあるとそれを2乗するので、分散の値がかなり大きくなり、扱いづらくなります。

そこで、分散の平方根を求めて単位を基に戻した標準偏差が役に立つわけです。この店の給与の標準偏差は、$\sqrt{2.917} = 1.708$ となります。単位も元に戻るので「この店の給与の（標準的な）ばらつきは1万7千80円」ということになり、直感的にも理解しやすくなります。標準偏差を求めるExcelの関数は =STDEV.P( ) です。

 統計学を使う

時短対象者を除いた営業部29人の月平均時間外労働時間は18時間でした。

しかし、平均18時間といっても29.6時間から7.1時間までかなりの幅があります。これでは全体の様子がわからないので、営業部でどのくらいのばらつきがあるのかを調べてみます。まず営業部員29人の「個人別・月平均残業時間ランキング表（多い順）」を作ってみました（表1・4）。部員No.1-1が土田係長、2-1が水野係長です。

表1・4　所属別月平均残業時間ランキング

順位	所属	部員No.	月平均
1	1係	1-1	29.6
2	1係	1-2	25.0
3	1係	1-3	24.7
4	1係	1-4	23.8
5	2係	2-2	23.0
6	2係	2-1	22.1
7	2係	2-7	21.0
8	1係	1-5	20.3
9	1係	1-9	19.7
10	1係	1-8	19.6
11	1係	1-7	19.3
12	2係	2-8	19.1
13	1係	1-6	19.0
14	管理課	S-1	18.6
15	管理課	S-3	18.6
16	管理課	S-7	18.5
17	2係	2-3	18.3
18	管理課	S-6	17.8
19	1係	1-10	16.7
20	2係	2-6	16.7
21	2係	2-4	16.2
22	2係	2-5	15.0
23	管理課	S-4	15.0
24	2係	2-10	13.7
25	管理課	S-8	13.2
26	管理課	S-5	11.3
27	管理課	S-9	10.0
28	2係	2-9	9.9
29	管理課	S-2	7.1

● 度数分布表

表 1・3 からは営業課 1 係の残業時間が多そうだということがわかりました。しかし、まだ全体の傾向がわかりづらいため、**度数分布表**を作ります（表 1・5）。度数分布表はデータの範囲をいくつかの区間に分け、その区間に入っているデータの個数を表にしたものです。この区間のことを**階級**、階級が示す数値の範囲を階級幅、それぞれの階級に属するデータの数のことを**度数**（頻度という場合もある）といいます。ここでは 5 時間単位で刻んであります。階層の数を決める方法は「**スタージェスの公式**[*]」などがありますが、後で見たときに理解しやすいよう、切りの良い値（刻み幅）を先に決めても良いでしょう。

表 1・5　平均残業時間の度数分布表

階級	以上	未満	階級幅（時間）	度数（人）
1	0	5	0 以上 5 未満	0
2	5	10	5 以上 10 未満	2
3	10	15	10 以上 15 未満	4
4	15	20	15 以上 20 未満	15
5	20	25	20 以上 25 未満	6
6	25	30	25 以上 30 未満	2
7	30	35	30 以上 35 未満	0

● ヒストグラム

度数分布表を見ればデータの分布（ばらつき）の状態がわかりますが、より視覚的に把握したい場合にはヒストグラムを作ります（図 1・2）。

ヒストグラム（histogram）とは、度数分布表を棒グラフで表したものです。ヒストグラムが一般的な棒グラフと異なっている点は棒と棒の間に隙間がないことです。そのため、全体の様子が把握しやすいようになっています。次のグラフは営業部の月別平均残業時間をヒストグラムにしたものです。横軸に階級を、縦軸には度

---

[*]　スタージェスの公式は、ヒストグラムの階級数を決めるための数式です。データが n 個ある場合、階級数 k は次のようになります。ただし、あくまでも目安です。
$$k = 1 + \log_2 n$$
データが 30 個の場合、　$k = 1 + \log_2 30$　　$k = 1 + 4.907$　　$k ≒ 6$
階級数は 6 個となります。

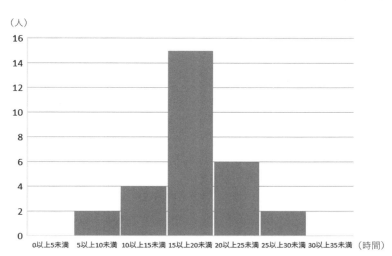

図1・2　営業部月平均残業時間のヒストグラム

数を取ってあります。棒の高さはその階級に含まれる人数を表しています。このヒストグラムから、営業部全体の残業時間のばらつきが見えてきます。

ヒストグラムを見ると、月平均残業時間が「15時間以上、20時間未満」の人が15人と最も多くなっています。営業部の平均値である18時間はこの階級にあります。中央値は19時間です。平均から左右に離れていくにしたがって、その階級に入る人の数が少なくなっています。

次に、具体的にどの程度ばらついているのかを知るため、ばらつきの大きさを数字で表現します。ばらつきの大きさが数値化できれば、他部署や他社と明確に比較することができます。

営業部全体と営業課（1係 ＋ 2係）、1係、2係、管理課における月平均残業時間の標準偏差を計算してみました（表1・6）。

表1・6　所属別月平均残業時間の標準偏差

	営業部	営業課	1係	2係	管理課
平均	18.0	19.6	21.7	17.5	14.4
分散	23.7	18.7	13.5	14.7	16.4
標準偏差	4.87	4.32	3.68	3.84	4.05

みずきの ギモン

　ヒストグラムは全体の様子をとてもわかりやすく表現できるので、報告書やプレゼンテーション資料に使えそうね。このヒストグラムは平均値（18.0）を中心にして山型になっている。ばらつきが大きくなれば山の高さが低くなって、形が左右に広がっていく。それを数値で表現したものが標準偏差で、値の大きさがばらつきの大きさということか。でも、残業削減を呼びかけるにしても平均値や標準偏差をそのまま伝えるだけじゃ「ああ、そうですか」で終わってしまうし、一体どうすれば良いのかしら。せっかく分散や標準偏差まで表にしたのに。
　偏差、偏差、うーん・・・あ！　もしかして偏差って「偏差値」と関係があるんじゃないかな。偏差値だったら誰でも知っているし、興味を引きそう。使えるかどうか調べてみよう。

部長の ヒトコト

　ヒストグラムは形を見るだけでも大まかなばらつきがわかるから便利だ。これからも報告書に使ってほしい。それに偏差値とはおもしろいところに目を付けたね。知らない人はいないと思うから、きっと関心を示してくれるだろう。偏差値を使って人によって残業時間にばらつきがあることを示せば、残業時間に対する関心度も高くなるに違いない。最初の１手としてはとても良いと思う。

1·3 「残業偏差値」

火野部長、1か月間土田係長に鍛えていただきました。大変勉強になりました。

そうか、だいぶきつかったと思うがよく頑張った。

いえ、土田係長が私の残業時間を気にしてくれていたので、そうでもありませんでした。

さすが土田君だな。部下を気遣うことも忘れていないね。

はい。でも、さすがに土田係長の残業時間は多すぎだと思います。他支店の営業部とも比べてみたのですが、目立っています。営業課では、土田係長をはじめ1係の4人が残業時間のトップ4を占めています。特定の人に仕事が集中し過ぎているように思います。

もちろん、それはわかっているよ。問題は売上を落とさずにどうやって残業を減らすかだ。統計学を使った何かいい手でもあるのか？

統計学は魔法の杖ではありませんから、すぐに解決できるような策はありません。とりあえずできることから手を付けたいと思います。具体的には営業部の昨年の残業実績を一覧にした表と月平均残業時間のヒストグラム、他支店との比較を一覧にした表を作ります。そこに私が簡単な解説を付けたレポートをプリントして部員全員に配布したいと考えています。

おい、おい。昨年度の実績なんてみんな知っているよ。いまさらプリントを配る意味なんてあるのか？

はい、あります。じつは私もそうでしたが、ほとんどの人は昨年度の実績のような過去のデータを「もう過ぎてしまったこと」と受け流してしまいます。ためしに営業課の何人かに「昨年度の課の残業時間はどれくらいでしたか？」と質問してみたのですが、「覚えていない」という人がほとんどでした。

まあ、そうかもしれないな。残業実績のデータは社内のサーバーに置いてあるから誰でもいつでも自由に見ることができるけど、わざわざ見るようなことはしないだろうね。

そうだと思います。でも、残業問題は「過ぎたこと」ではなく「これから取り組むこと」です。それをわかってもらうところから始めたいのです。統計学を使えば、残業の実態をわかりやすく見せることができます。

わかりやすくって、どうやるんだい？

偏差値を使います。

偏差値って、むかしやった模擬試験の結果に書いてあったあれか？　あんまりいい思い出がないなあ。

そ、それは私も同じです（・・・SBH48だし）。でも、偏差値は誰もが知っていますから、残業時間を偏差値で表したら興味を持ってもらえると思うんです。

残業偏差値か。おもしろそうだな。レポートができたら部長決済で正式な報告書として支店内に配布しよう。

ありがとうございます！

統計学を学ぶ

● **偏差値**

「よく知っているけど、どうやって計算するのかわからない」それがほとんどの人が持っている偏差値のイメージではないでしょうか。受験生だった頃、塾や予備校で模擬試験を受けた後、こんな結果を受け取った記憶があると思います（表1·7）。どんな試験でも平均点をとれば、偏差値50で順位もちょうど真ん中ということはご存じだと思います。

表1·7　模擬試験の結果

	得点	平均点	偏差値	順位
国語	73	65.3	61	2744
数学	55	59.1	48	11701
社会	61	60.4	50	6282
理科	58	61.6	47	7342

偏差値の計算式は次のとおりです。

$$偏差値 = (個人の得点 - 平均点) \div 標準偏差 \times 10 + 50$$

では、具体的な例を使って偏差値を計算してみましょう。

次の表は10人のクラスで国語と数学のテスト（100点満点）を行った結果です（表1·8）。

表1·8　あるクラスのテスト結果①

	名前	国語	数学
1	A	62	90
2	B	90	58
3	C	62	76
4	D	78	56
5	E	67	65
6	F	75	56
7	G	53	76
8	H	71	52
9	I	72	44
10	J	70	27
	合計	700	600
	平均	70	60

偏差値は次のように計算します。

① 1人1人の科目別の偏差（得点−平均点）を計算し、2乗します。
② 偏差の2乗を合計し、人数で割ります（平均します）。これが**分散**です。

表1・9　あるクラスのテスト結果②

	名前	国語	数学	国語の偏差	国語の偏差の2乗	数学の偏差	数学の偏差の2乗
1	A	62	90	−8	64	30	900
2	B	90	58	20	400	−2	4
3	C	62	76	−8	64	16	256
4	D	78	56	8	64	−4	16
5	E	67	65	−3	9	5	25
6	F	75	56	5	25	−4	16
7	G	53	76	−17	289	16	256
8	H	71	52	1	1	−8	64
9	I	72	44	2	4	−16	256
10	J	70	27	0	0	−33	1089
	合計	700	600	0	920	0	2882
	平均	70	60	国語の分散	92.0	数学の分散	288.2

③ 分散の平方根（$\sqrt{}$）をとります。これが**標準偏差**です。

$$国語の標準偏差 = \sqrt{92} ≒ 9.6$$
$$数学の標準偏差 = \sqrt{288.2} ≒ 17.0$$

④ 偏差値の計算式に1人1人の得点を代入します。

$$偏差値 = (個人の得点 − 平均点) ÷ 標準偏差 × 10 + 50$$

たとえば、Aさんの国語の点数は62点、Bさんは90点ですから次のように計算できます。

$$Aさんの国語の偏差値 = (62 − 70) ÷ 9.6 × 10 + 50 ≒ 42$$
$$Bさんの国語の偏差値 = (90 − 70) ÷ 9.6 × 10 + 50 ≒ 71$$

同様にAさんの数学の点数は90点、Bさんは58点ですから次のように計算でき

Aさんの数学の偏差値 = $(90 - 60) \div 17.0 \times 10 + 50 \fallingdotseq 68$
　Bさんの数学の偏差値 = $(58 - 60) \div 17.0 \times 10 + 50 \fallingdotseq 49$

　ここまでは機械的に計算しましたが、次に偏差値の意味を解き明かしていきます。
　まず、大前提となる約束事があります。それは、偏差値を計算する対象となっているこのクラスが「意味のある集団」であるということです。
　もし、このクラス10人のうち5人が高校生で、あとの5人が小学生だとしたら数学の点数はもっと極端にばらつくはずです。それ以前に、高校生と小学生を一緒にした集団に対して同じテストを行うことは無意味です。同じように勉強をしている学生10人が1つの集団になっているから、偏差値を計算する意味があるのです。
　統計学は、こうした「意味のある集団」を対象にするものだととりあえず理解しておいてください。また、3章で詳しく説明しますが「意味のある集団」に含まれるデータのばらつき方は、データの数が多くなればなるほど図1・3のような平均を中心にした山のような形になっていくと考えられます。このようなばらつきを**正規分布**といいます。偏差値の計算は対象が正規分布していることを前提にしています。

表1・10　あるクラスの偏差値

名前	国語の偏差値	数学の偏差値
A	42	68
B	71	49
C	42	59
D	58	48
E	47	53
F	55	48
G	32	59
H	51	45
I	52	41
J	50	31

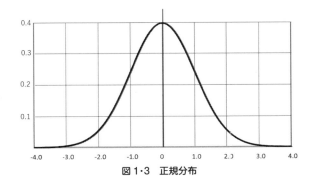

図1・3　正規分布

次に**偏差値の計算式**について説明します。**p.025**で説明したように，

$$偏差値 =（個人の得点 - 平均点）\div 標準偏差 \times 10 + 50$$

です。（個人の得点 − 平均点）は偏差のことでした。偏差を標準偏差で割る意味は、平均を0に、標準偏差を1に揃えるためです。この計算を**標準化**といいます。標準化することで数字の大きさや単位の違いを消して、純粋に集団の中の位置だけを示すことができます。先の例で言えば、平均点70点の国語のテストで62点を取ったAさんは（62 − 70）÷ 9.6 = − 0.83、90点を取ったBさんは（90 − 70）÷ 9.6 = 2.08、Jさんは、(70 − 70) ÷ 9.6 = 0 となります。0が平均でマイナスは平均以下、プラスは平均以上、数値の大きさは集団の中での位置を示しています。

しかし、これでは数値が小さすぎて、どの程度良いのか悪いのかよくわかりません。そこで、この値を10倍して50を足すことで「100点を満点とするテスト」に近いイメージにします。つまり、偏差値とは「自分が集団の中でどのあたりの位置にいるのかをわかりやすく表現するため、テストの点数に似せて作られた数字」なのです。

 統計学を使う

みずきは営業課のメンバーの残業時間を偏差値にしてみました（表**1・11**）。

しかし、一般的に偏差値は高い方がよいというイメージが定着しています。このままだと、残業を多くすればするほど偏差値は上がって行くということになります。「このまま発表してしまったら、逆効果になるかも。どうしよう、せっかく偏差値で皆の興味を引けると思ったのに・・・」みずきは悩みました。

そのとき、逆効果という言葉である考えがひらめきました。「そうか、逆にしてしまえば良いんだ！」みずきが考えたのは**「逆」偏差値**というものです。偏差値の「向き」を逆にするため、偏差に −1 を掛けるのです。すると、プラスの偏差はマイナスに、マイナスの偏差はプラスになります。平均よりも多く（プラス）の残業をすればするほど、−1倍されてマイナスの値が大きくなるので、偏差値はどんどん低くなって行くというわけです。

「逆」偏差値を計算した結果は表**1・12**のようになりました。当然順位も逆になります。

表1・11　営業部の残業偏差値

順位	所属	部員No.	月平均	偏差	偏差値
1	1係	1-1	29.6	11.6	73.8
2	1係	1-2	25.0	7.0	64.4
3	1係	1-3	24.7	6.7	63.7
4	1係	1-4	23.8	5.7	61.8
5	2係	2-2	23.0	5.0	60.3
6	2係	2-1	22.1	4.1	58.4
7	2係	2-7	21.0	3.0	56.1
8	1係	1-5	20.3	2.2	54.6
9	1係	1-9	19.7	1.7	53.4
10	1係	1-8	19.6	1.6	53.2
11	1係	1-7	19.3	1.2	52.6
12	2係	2-8	19.1	1.1	52.2
13	1係	1-6	19.0	1.0	52.0
14	管理課	S-1	18.6	0.6	51.2
15	管理課	S-3	18.6	0.6	51.2
16	管理課	S-7	18.5	0.5	51.0
17	2係	2-3	18.3	0.2	50.5
18	管理課	S-6	17.8	−0.3	49.5
19	1係	1-10	16.7	−1.3	47.3
20	2係	2-6	16.7	−1.3	47.3
21	2係	2-4	16.2	−1.8	46.2
22	2係	2-5	15.0	−3.0	43.8
23	管理課	S-4	15.0	−3.0	43.8
24	2係	2-10	13.7	−4.3	41.1
25	管理課	S-8	13.2	−4.8	40.1
26	管理課	S-5	11.3	−6.8	36.1
27	管理課	S-9	10.0	−8.0	33.6
28	2係	2-9	9.9	−8.1	33.4
29	管理課	S-2	7.1	−10.9	27.6
		平均	18.0	—	—
		標準偏差	4.87	—	—

表1・12　営業部の「逆」残業偏差値

順位	所属	部員No.	月平均	偏差×(−1)	「逆」偏差値
29	1係	1-1	29.6	−11.6	26.2
28	1係	1-2	25.0	−7.0	35.6
27	1係	1-3	24.7	−6.7	36.3
26	1係	1-4	23.8	−5.7	38.2
25	2係	2-2	23.0	−5.0	39.7
24	2係	2-1	22.1	−4.1	41.6
23	2係	2-7	21.0	−3.0	43.9
22	1係	1-5	20.3	−2.2	45.4
21	1係	1-9	19.7	−1.7	46.6
20	1係	1-8	19.6	−1.6	46.8
19	1係	1-7	19.3	−1.2	47.4
18	2係	2-8	19.1	−1.1	47.8
17	1係	1-6	19.0	−1.0	48.0
16	管理課	S-1	18.6	−0.6	48.8
15	管理課	S-3	18.6	−0.6	48.8
14	管理課	S-7	18.5	−0.5	49.0
13	2係	2-3	18.3	−0.2	49.5
12	管理課	S-6	17.8	0.3	50.5
11	1係	1-10	16.7	1.3	52.7
10	2係	2-6	16.7	1.3	52.7
9	2係	2-4	16.2	1.8	53.8
8	2係	2-5	15.0	3.0	56.2
7	管理課	S-4	15.0	3.0	56.2
6	2係	2-10	13.7	4.3	58.9
5	管理課	S-8	13.2	4.8	59.9
4	管理課	S-5	11.3	6.8	63.9
3	管理課	S-9	10.0	8.0	66.4
2	2係	2-9	9.9	8.1	66.6
1	管理課	S-2	7.1	10.9	72.4
		平均	18.0	—	—
		標準偏差	4.87	—	—

「これなら偏差値を上げるには残業を減らすしかないわね。ちょっと強引だけど、これで行きましょう。」

そして、みずきは昨年度の残業実績、月平均残業時間のヒストグラム、「逆」残業偏差値の一覧表と計算方法の解説を載せた「職場の残業時間の実態」レポートを作り配布しました。

それ見た1係の土田係長は「うわ。俺の偏差値26って断トツ低いな。さすがに恥ずかしくなったよ。」2係の水野係長は「偏差値41.6はちょっと困るわね。頑張って残業しないようにして偏差値50を目指しましょう。」他の部員たちも学生時代を思い出して、ちょっと楽しそうに話し合っていました。

火野部長はみずきに「思ったよりも皆が残業時間に関心を持ってくれた。偏差値作戦は成功だね。」と言ってくれましたが、みずきは「これでますます隠れ残業が多くなるのではないかと心配です。」そう答えました。

みずきの キヅキ

偏差と標準偏差と偏差値と、なんだかややこしい。もう一度整理してみよう。偏差はあるデータと平均との差、標準偏差は「ばらつき」の大きさの平均、偏差値は全体（母集団）の中の順位を「100点満点で50点が平均のテストの点数」に似せた値だった。次は、南支店だけじゃなくて、全支店の営業担当者の「逆」残業偏差値を出してみるといいかもしれない。4つの支店で競えばもっとインパクトがあるかも。

部長の ヒトコト

「逆」偏差値とは面白いことを考え付いたね。誰もが気になる数字だ。それに偏差値の計算は100円電卓で簡単にできる。せっかくだから計算方法もわかってもらうと良いね。ただし「偏差値は高い方が良い」という使い方をするのが普通だから、「逆」はあくまでもイレギュラーなのだということをきちんと説明してほしい。くれぐれも誤解を招かないようにね。

02
営業はうまくいっているのか

　営業部の残業問題に対する意識は「逆」残業偏差値によって変わってきました。終業時間になるとちょっと落ち着かなくなる営業担当者も増えてきて、次第に早く仕事を片付けて帰ろうという雰囲気になってきました。また、商談のときに「逆」残業偏差値の話をする営業担当者も何人かいました。「おもしろい内容だからぜひ教えてほしい」とお客様から言われたこともありました。

　以前実施した「事務所フロアの一斉消灯」や「サーバーの強制停止」といった強硬策に対しては営業課からかなり強い不満が出ましたが、今回は静かです。

　ただし、不満の声がないわけではありません。ある営業担当者がお客様からこう言われたそうです。「おたくは残業を減らす施策が上手くいっているそうだね。大きい会社はうらやましいよ。うちの店はそんな余裕はないからね」営業担当者としては返す言葉がなかったそうです。他にも「お客様のところに行く回数が少なくなってきた」、「偏差値なんて学校じゃあるまいし、恥ずかしい」といった声も聞こえはじめました。営業担当者が残業を意識しても、売上が下がったり、「隠れ残業」が増えてしまったりしては元も子もありません。このままでよいのでしょうか。

2·1 売上と残業時間の関係

火野部長、お呼びでしょうか。

うん。「**逆**」**残業偏差値**と週単位の残業時間をグラフにして貼り出したせいか、残業に対するみんなの意識も徐々に変わってきたようだ。

ありがとうございます。

しかし、1係の土田係長が「営業全体でお客様へのフォローが弱くなってきているように思う。あまり急に残業にブレーキをかけると売上にも影響しそうで不安だ」と言ってきた。君も知ってのとおり土田君の営業成績は営業担当者20人中の1位、うちのエースだ。彼の不安は部下にも伝染してしまう。今のところ営業課の月次の売上が落ちてきているわけではないが、ちょっと心配なんだ。

はい。確かに今は影響が出ていませんが、残業が減っても売上が落ちてしまっては元も子もありません。では、営業担当者の残業時間と売上の関係を調べてみたいと思います。もし残業時間の多さが売上にプラスに働いているとしたら、むやみに残業を規制するのはまずいです。

そうだね。ただし営業スタイルは人それぞれだ。土田君のやり方が良いとか悪いとか一概には言えない。その点は注意してくれ。

はい。土田係長にはいろいろ教えてもらいましたのでよくわかっていますが、あらためて気をつけるようにします。

そうしてくれ。1係は土田君が、2係は水野さんがそれぞれ係長として皆を引っ張ってくれている。2係の水野さんは土田君に劣らず毎期素晴らしい営業成績を上げてくれている。2人のモチベーションを下げないように進めてほしい。

はい。わかりました。

統計学を学ぶ

　食事の量と体重のように、2つのデータの間で一方の値が変化するともう一方の値も変化するという因果関係があれば「**相関関係がある**」といいます。原因となるデータを**説明変数**、結果側のデータを**目的変数**といいます。

　原因は他から影響されず独自に決まるので説明変数を**独立変数**、結果は原因に従属して決まるので目的変数を**従属変数**ということもあります。

　また、因果関係がどの程度正しいかどうかを**内的妥当性**といいます。目的変数の値は説明変数の効果によるものであり、他の原因はほとんど影響していないといい切れる「程度」です。食事の量と体重の例は、他にも原因が考えられるとしても概ね「内的妥当性が高い」と考えてよいでしょう。一方、内的妥当性が低ければ、他の原因を使って反論ができることになります。

　さらに、2つのデータの間に**因果関係**（原因→結果）がない場合もあります。

　雨男（あめおとこ）と呼ばれる人と一緒にどこかへ出かけると、必ず雨が降るなどと言われますが「雨男が出かける」ことが原因となって「雨が降るという」結果が生じるわけではありません。**相関関係**を調べるときは、因果関係が背景にあるかどうかを見極める必要があります。

2つのデータに相関関係がある場合、原因と結果が同じ方向（一方が増えるともう一方も増える、一方が減るともう一方も減る）ならば「**正の相関**がある」といいます。また、原因と結果が逆方向（一方が増えるともう一方は減る、一方が減るともう一方は増える）ならば「**負の相関**がある」といいます。

コンビニでは、暑い日にはアイスクリームがよく売れ、寒い日にはおでんがよく売れます。「気温とアイスクリームの販売量」には正の相関があり、「気温とおでんの販売量」には負の相関があると考えられます。

● 散布図

散布図は、2つのデータの相関関係をひと目で把握することができる便利なグラフです。表2・1は、あるコンビニの8月1日から31日までの最高気温とアイスクリームの販売数を記録したものです。

このデータを使って最高気温を横軸に、販売数を縦軸に取り、個々のデータを点で表示したものが**散布図**です。グラフ上に点を打つことを「**プロットする**」といいます。図2・1の散布図は表2・1のデータを基にExcelのグラフ機能（散布図）を使ってプロットしたものです。それぞれの点は日毎の最高気温を表しています。

表2・1　日別最高気温とアイスクリームの販売数

8月	最高気温（℃）	販売数（個）
1日	36.8	72
2日	37.0	73
3日	37.0	70
4日	34.8	71
5日	35.8	73
6日	34.6	73
7日	33.6	65
8日	30.4	64
9日	33.9	63
10日	35.6	70
11日	34.5	64
12日	30.3	61
13日	34.8	69
14日	34.5	65
15日	34.6	71
16日	32.3	65
17日	29.3	59
18日	28.2	61
19日	28.6	65
20日	33.2	70
21日	32.8	69
22日	34.7	75
23日	33.2	68
24日	30.3	70
25日	37.4	72
26日	37.0	76
27日	36.0	66
28日	29.5	66
29日	28.0	59
30日	34.6	71
31日	36.1	73
平均	33.5	68.0
相関係数		0.750134

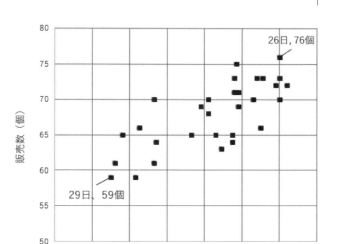

図 2・1　日別アイスクリーム販売数の散布図（8 月）

さらに、横軸の最小値を 25°C、縦軸の最小値を 50°C にし、タイトルやラベルを追加しました。

この散布図を見ると、最高気温と販売数の関係がわかります。点の集まりが全体に右肩上がりになっているので「最高気温とアイスクリームの販売量には正の相関がある」と言うことができます。

また、データを示す点の並び方が直線的に近い場合は「強い相関関係」、その逆の場合は「弱い相関関係」があるといいます。点が広範囲に散らばっていて全体の傾向がよくわからない状態を「無相関」あるいは「相関関係なし」といいます（図 2・2）。

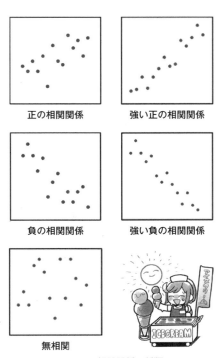

図 2・2　相関関係の種類

● 相関係数

相関係数は相関関係の強さを数値で表す指標のひとつです。2つのデータをX(横軸)とY(縦軸)とした場合、N個のデータと、相関係数(r)は次の式を使って計算できます(この式については読み飛ばしても構いません)。

$$r = \frac{\frac{1}{N}\sum_{i=1}^{N}(X_i-\overline{X})(Y_i-\overline{Y})}{\sqrt{\frac{1}{N}\sum_{i=1}^{N}(X_i-\overline{X})^2}\sqrt{\frac{1}{N}\sum_{i=1}^{N}(Y_i-\overline{Y})^2}}$$

この式の分母はX、Yそれぞれの標準偏差の積になっており、分子はXとYの共分散(XとYそれぞれの偏差を掛けた積をすべて足してデータ数で割ったもの)です。

計算式はややこしいですが、Excelの関数を使うことで簡単に計算できます。

相関係数rには次のような特徴があります。

rは-1から1までの範囲の値をとる($-1 \leqq r \leqq 1$)
rが-1または1に近いほど相関が強く、0に近いほど相関が弱い

相関係数を使えば「強い、弱い」といった形容詞を使わずに2つのデータ同士における関係の強さを数値で表すことできます。それでも、ある程度ざっくりと「どれくらい強いのか、弱いのか」を知りたいときには、次の表のような考え方もあります。ただし、これはあくまでも目安であり「判断基準」ではありません。扱うデータの種類や数によっては異なる可能性があるということを忘れないでください。

表2·2 相関係数の目安

相関係数(r)	相関関係
1.0 ～ 0.7	強い正の相関がある
0.7 ～ 0.4	正の相関がある
0.4 ～ 0.2	ある程度、正の相関がある
0.2 ～ 0.0	ほとんど相関なし
0.0 ～ −0.2	ほとんど相関なし
−0.2 ～ −0.4	ある程度、負の相関がある
−0.4 ～ −0.7	負の相関がある
−0.7 ～ −1.0	強い負の相関がある

先ほどの「最高気温とアイスクリームの販売数」の相関係数を計算してみます。計算式は複雑ですが、Excel の関数 CORREL を使うことで簡単に相関係数を得ることができます（図 2·3）。

　「=CORREL(最高気温の列 , 販売数の列)」と入力します。パネルで列を指定することもできます。

　相関係数は 0.750134 ですので「最高気温とアイスクリームの販売数には強い正の相関関係がある」といえます。

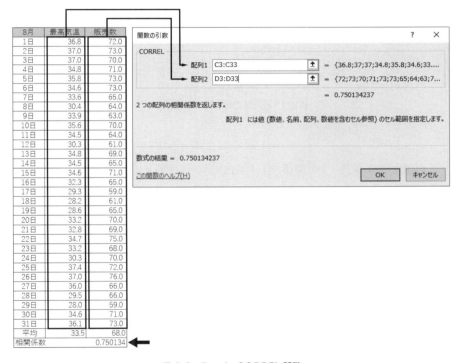

図 2·3　Excel・CORREL 関数

　Excel の散布図には「近似曲線の追加」、「グラフに数式を追加する（E）」、「グラフに R-2 乗値を表示する（R）」という便利な機能があります。**近似曲線**とは散布図の上に引かれた 1 本の線です。直線以外の線を引くこともできるので、直線も含めて「近似曲線」と呼ばれています（図 2·4）。

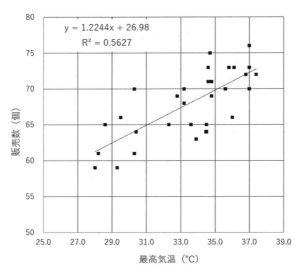

図2・4 日別販売数の散布図(8月)

この線は2つのデータの関係を1本の直線 $y = 1.2244x + 26.98$($y = ax + b$ という1次関数の形)で表しています。この式を**回帰式**、それを使った分析を**回帰分析**といいます。この回帰式では説明変数が1つなので単回帰とも呼ばれます。回帰式により説明変数 x(残業時間)から目的変数 y(売上金額)を予測することもできます。もし明日の最高気温が31℃だとすれば、

$y = 1.2244x + 26.98$ より

$1.2244 \times 31 + 26.98 = 64.9364 \fallingdotseq 65$

約65個売れるという予測ができます。

また、R^2 は**決定係数**と呼ばれており、近似曲線の精度あるいは「**当てはまりの良さ**」を表す値です。R^2 は0から1までの値をとります。1に近いほど、良く当てはまっている(説明できている、信用できる)ことを表しています。決定係数も相関係数同様、明確な基準はありませんが、1つの目安として0.5以上ならば「当てはまっている」と考えてよいでしょう。アイスクリームの売上個数の例で言えば「約65個売れる」という予測は、決定係数(R^2)0.5627という値から(近似曲線が当てはまっているので)信用してもよいといえるでしょう。

統計学を使う

表2・3は営業部の管理課を除く1係、2係計20名の年間残業時間と顧客訪問件数、売上金額を一覧にしたものです。

表2・3 年間残業時間・訪問件数と売上金額

所属	部員No.	年間残業時間	訪問件数（回）	売上（百万円）
営業課1係	1-1	355	575	905
	1-2	300	400	578
	1-3	296	500	700
	1-4	285	450	578
	1-5	243	350	561
	1-6	228	350	527
	1-7	231	300	544
	1-8	235	280	510
	1-9	236	315	510
	1-10	200	215	442
営業課2係	2-1	265	220	901
	2-2	276	250	850
	2-3	219	185	357
	2-4	194	245	357
	2-5	180	350	357
	2-6	200	208	340
	2-7	252	200	272
	2-8	229	135	255
	2-9	119	170	102
	2-10	164	145	629
合計		4,707	5,843	10,275

Excelで営業部の年間残業時間と年間売上金額の相関係数（r）を計算してみます。「=CORREL（年間残業時時間の列, 売上の列）」と入力した結果は$r=0.71$なので、残業の多さと売上の多さには「強い正の相関がある」といえます。

続いてこの表を基に Excel で散布図を作ります。

年間残業時間のセル範囲をドラッグし、Ctrl キーを押しながら売上のセル範囲をドラッグします。そして挿入→グラフから散布図を選びます。(散布図の左上のアイコンを押します)。

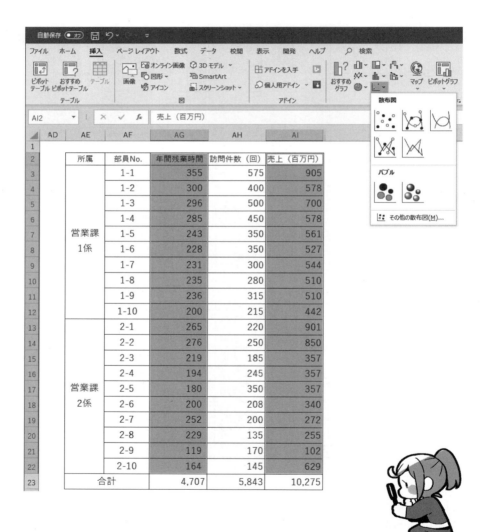

2·1 売上と残業時間の関係

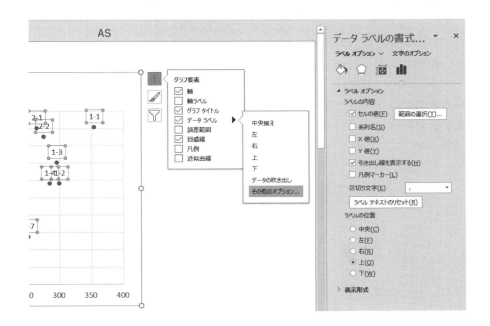

散布図が表示されたら「**グラフ要素**」から「**データラベル**」を選び、「**セルの値 (E)**」にチェックを入れて表示したいラベル（ここでは部員 No.）をドラッグすると次のような散布図になります（図 2·5）。

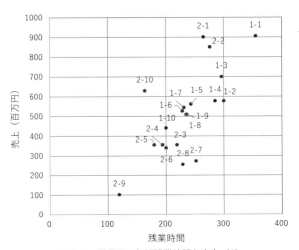

図 2·5　営業課の年間残業時間と売上（1）

散布図の上にプロットされた1つ1つの点は、営業課の社員1人1人（社員No.のデータラベル）の実績を表しています。この図を見る限り全体的に右肩上がりになっていますから「残業時間と売上金額には正の相関がある」といえます。

次に「**グラフの要素**」から「**近似曲線**」→「**その他のオプション …**」→「**近似曲線の書式設定**」から「**グラフに数式を表示する（E）**」と「**グラフに R-2 乗値を表示する（R）**」のチェックを入れると、近似曲線（直線）とその回帰式、決定係数（R^2）が表示されます（図2・6）。

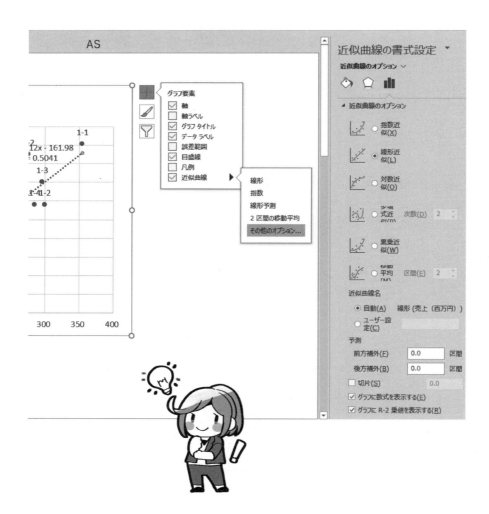

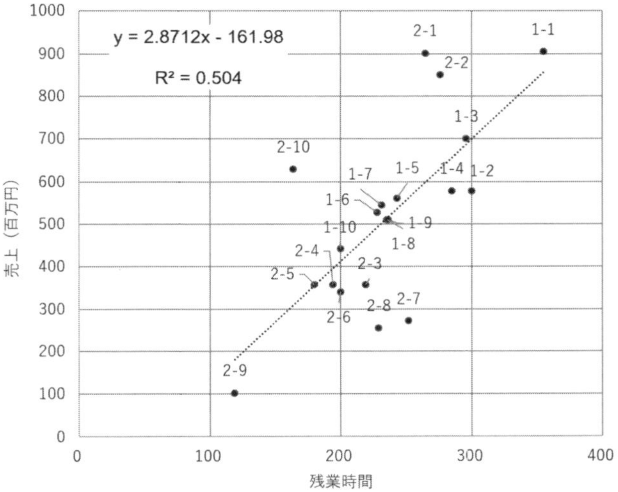

図2・6 営業課の年間残業時間と売上（2）

　ここからは、2つのデータの関係を表す値として相関係数（r）ではなく、決定係数（R^2）のみを使うこととします。

　このグラフから、売上金額（y）が残業時間（x）の大きさで決まるとすれば、労働基準法に定める時間外労働の上限年間360時間残業をすることで2.8172×360（時間）− 161.98 = 871.65（百万円） となり、売上は8億7千165万円になると推測できます。では、この数値（回帰式）はどの程度売上金額を「説明」できるのでしょうか。ここでは決定係数が0.503 と 0.5以上なので「この回帰式は信用しても良い」といえます。

 みずきのギモン

　この散布図を見ると、営業担当者を表す点が右肩上がりで散らばっているので、残業時間と売上は「正の相関関係」つまり「残業多い→売上が多い」ということがわかるわね。でも、直線からかなり離れている3つの点「2-1」、「2-2」、「2-10」の3人がちょっと気になるなあ。この3人は2係に所属している3人よね。「1-1」と「2-9」の2人も他の部員から離れてはいるけど、ほぼ直線上にあるからそれほど不自然ではないかな。でも、2係の3人は直線からの離れ方が大きい。

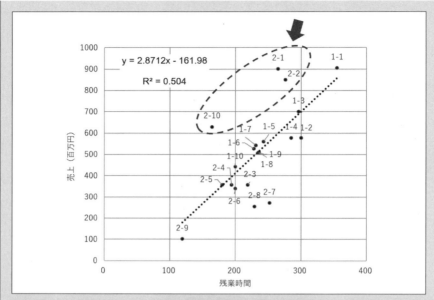

図2・7　営業課の年間残業時間と売上（ギモン）

　しかもこの3人、「2-1」、「2-2」、「2-10」の営業成績（売上金額）は課内で2位、3位、5位と上位なのが気になる。3人とも2係に所属しているので、もしかすると2係の仕事のやり方にその理由があるのかも。ちょっと調べてみよう。

 部長の ヒトコト

　とても良いところに気がついたね。散布図は点のばらつきだけを見ても、全体のざっくりした傾向だけしか見えない。でも、そこに近似直線を引いてみると、直線から離れている点が目立つようになる。そこに何かが隠れていると感じるのは大変良いことだ。ぜひその理由を探ってほしい。

2・2　顧客訪問件数と売上の関係

　大江夢商店（現 OM フーズ）の創業者、大江夢津五郎（おおえむつごろう）は明治 24 年（1891 年）、創業にあたって次の「五つの喜んで」を商売の心得として掲げました。

一、お客様がお望みならば、どんなことでも喜んでお応えすること
二、お客様がお望みならば、朝昼夜いつでも喜んで働くこと
三、お客様がお望みならば、東西南北喜んで駆けつけること
四、お客様がお望みならば、米一粒でも喜んで納めること
五、お客様がお望みならば、喜んで商売を続けること

　平成になってからは、社内でも「一」以外の言葉はあまり聞かなくなりましたが、会社の文化（社風）には創業者の精神が生きています。今でも古株の管理職や役員の中には「五つの喜んで」を好んで口にする人もいます。火野部長もそんな 1 人です。しかし、同期の木下部長の「このままでは新人の採用ができなくなる」という切実な声も心に響いており、表面的には平静を装っていますが悩みは尽きません。

火野部長、教えていただきたいことがあります。

なんだい？

営業で一番大事なことは何でしょうか？

いきなりすごい・・・いや、すごく良い質問だね。

やはりお客様との信頼関係でしょうか？

その通り！　よくわかっているね。では逆に質問するけど信頼関係はどうやったら手に入ると思う？

えーと、「お客様のどんな要求にも喜んでお応えする」ことです。

そうだね。ではお客様の要求に応えるためには何が必要かな？

奉仕の心とか、商品知識とか・・・

それも大事だけど、営業にとって信頼を得るために何よりも必要なことは「会う」ことだよ。君だってよく知らない相手から高価なものを買わないだろう？　それと同じだよ。何度もお客様と会って、話を聞いて、また会って、また話を聞いて・・・これを繰り返すことで徐々に信頼は積み上がって行くんだ。あまり良いたとえじゃないが、貯金箱に毎日 10 円ずつ入れていくみたいなものだよ。

はい。よくわかりました。

僕も若い頃は 1 係の土田係長と同じくらい、いやそれ以上お客様のところへ通い詰めたものさ。Ｔマートの店長には「また来たの？　ここはあんたの家じゃないよ」とか言われたりした。でも、用事がないのに行ったなんて思わないでくれよ。用事は作るものだからね。

といいますと？

バックヤードの荷物を片付けたり、ダンボール箱を解体してリサイクル置き場に運んだり、用事なんていくらでもある。そうやって手伝いながら店長や店員さんたちと話をして不満や不便に思っていることを聞くわけだ。

わかりました！　信頼関係はお客様と何度も会って築くものですね。今度はお客様への訪問件数と売上の関係を調べてみたいと思います。

単純だなあ。でもよいことだね。ぜひ調べて報告してくれ。

はい。ありがとうございました。

統計学を学ぶ

● 最小二乗法

　Excelを使えば2つの変数 x、yについて簡単に**近似曲線**（直線）と**回帰式**を作ることができました。強いて言えば、この直線は散らばっているデータを1本の線上に「無理やり押し込んだ」ものです。2章 **2・1**節にある「相関係数」の計算式（**p.038**）はその方法を示したもので、**最小二乗法**（正しくは通常最小二乗法、OLS：Ordinary Least Squares）と呼ばれています。

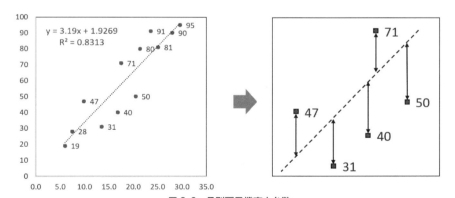

図 2・8　月別扇風機売上台数

　図 **2・8** の**散布図**は、ある電気店の扇風機の売上台数を示したものです。縦軸（y）に月別売上台数を、横軸（x）に月別の平均気温をとっています。データ（点）はばらついていますが、それを1本の直線で「近似」するとします。そのとき、直線とそれぞれの点の距離が短ければ短いほど「より近似している」といえます。最小二乗法では、すべてのデータの直線との距離（矢印の長さ）を合計した値が最小になるように計算します。しかし矢印の値（直線上の y とデータの y との誤差、ズレ）は、線よりも上についてはプラス、下についてはマイナスになるため、すべての値を合計するとプラスとマイナスが打ち消し合って0になってしまいます。そこで値を2乗することでマイナスを無くし、合計した値が最小になるようにします。

その結果、導かれた直線は $y=ax+b$ という1次式で表されます。最小二乗法は、7章に出てくる**損益分岐点分析**にも使われています。

 統計学を使う

みずきはさっそく営業課の「顧客訪問件数」と「売上」のデータを使って散布図を作り、回帰式と**決定係数**を追加しました（図 **2・9**）。すると意外なことに、あの2係の3人はさらに直線から離れてしまいました。決定係数 $R^2 = 0.2796$ は「当てはまりが良くない」という結果になっています。

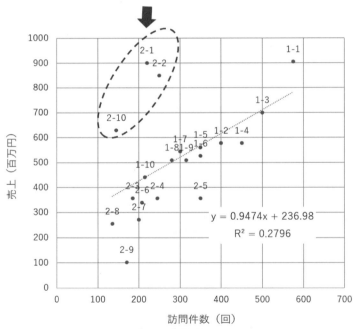

図 2・9　営業課の年間残業時間と売上（回帰式）

水野係長をはじめとする2係の3人は、お客様へ訪問する回数が少ない割に売上は上位です。みずきは次に1係と2係を分けて「年間訪問件数と売上」の散布図を作ってみました（図 **2・10**, 図 **2・11**）。

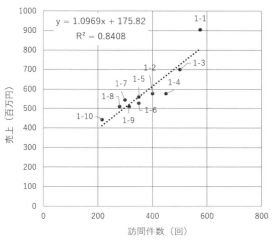

図 2・10 1 係の年間訪問件数（回帰式）

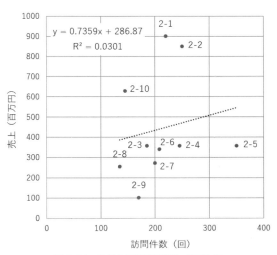

図 2・11 2 係の年間訪問件数（回帰式）

表 2・4　営業課の訪問件数と売上の相関関係

	営業課	1 係	2 係
決定係数（R^2）	0.2796	0.8408	0.0301
	当てはまりが良くない	かなり当てはまりが良い	当てはまりが悪い

みずきの **ギモン**

　1係は顧客への訪問件数が多いほど売上も多いので、まさに火野部長の言った通りお客様のところへ何度も出かけて売上に結び付けている「足で稼ぐ営業」といえそうね。それに比べて、2係は顧客訪問件数と売上の間にほとんど関係がないし、残業時間との相関関係もあまり強いとは言えない。お客様と会う回数も多くないし、残業も多くない。いったいどうやってお客様の信頼を勝ち取っているのかしら。2係は「何で」稼ぐ営業なの？

部長の **ヒトコト**

　「XXで稼ぐ」と言う表現は面白いね。でも、ここから先は散布図とにらめっこをしても何もわからないよ。1係と2係の営業スタイルに違いがあるとすればその理由は何か、現場に行って確かめてみる必要がある。まずは火野部長に素直に疑問点をぶつけてみることだ。

2·3　「限界訪問件数」

火野部長、1係と2係とではお客様の特徴が違うのですか？　たとえば、1係は2係よりも大型チェーンのスーパーが多いとか。

いや、それほど変わらないよ。ただ、1係のお客様は比較的市街地に店舗が多く、2係のお客様は郊外型の大規模店舗が多い。2係は移動に時間がかかってしまうね。

だから1係は訪問件数が多く、2係は少ないんですね。

1係はまめにお客さんのところに顔を出すし、2係はしっかり準備してから訪問するというわけだ。どちらのやり方が正しいというわけじゃなく、営業

スタイルの違いだね。

部長はお客様と何度も会って徐々に信頼は積み上がっていくものとおっしゃいましたが、2係の人はお客様と会う回数の少なさをどうやってカバーしているのでしょう。

それなら2係の水野係長に直接聞いてごらん。彼女はお客様に説明する資料を作るのがとても上手い。特にSマートさんは水野係長をずいぶん頼りにしているよ。

では来週から2係でお世話になってもよろしいでしょうか。

もちろん。水野係長からしっかり学んできてくれ。

はい。頑張ります。

　みずきは翌週月曜の朝、営業2係にやって来ました。水野係長は、1係の土田課長と現在空席になっている営業課長の座を争っていると聞いていたので、怖い人なのだろうかとちょっと身構えていました。しかし、意外にも水野係長は話し方もゆっくりしていて、どちらかといえばおっとりした感じの女性でした。

おはようございます。白井です。今日からこちらでお世話になります。

あら元気がいいわね。おはよう。あと5分くらいしたら2係のミーティングを始めるから参加して。

はい！　ところで水野係長はずっと営業にいらしたんですか？

いいえ。最初は経理部で予算管理をしていたんだけれど、どうしても営業がやりたくて10年くらい前に異動させてもらったの。

そうなんですか。火野部長から資料作りの達人だとお聞きしています。いろいろ教えてください。

そんなわけないけど、2 係にはパソコンを使うのが上手い人たちが集まっているから勉強になると思う。特に表計算はとても大事だからしっかり勉強してね。

ありがとうございます。Excel には毎日悩まされています。

がんばってね。さて 2 係の皆さん、ミーティングを始めます。

 統計学を学ぶ

■ **近似曲線の種類**

　ある変数 X が原因となって、別の変数 Y という結果が生じるとします。たとえば「顧客への訪問件数で売上金額が決まる」といった状況を思い浮かべてください。今、あるデータを基にして Excel で散布図を作り、**回帰直線**を描きました。直線の当てはまりの良さを表す**決定係数**は $R^2 = 0.5$ とギリギリ OK レベルでした。一方、直線ではなく曲線（2 次式）を当てはめてみたところ $R^2 = 0.9$ と格段に良くなりました。この結果から、X の値を基に Y の値を予測したいならば、回帰直線ではなくより正確な結果を得ることができる**回帰曲線**を選ぶことでしょう。

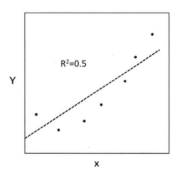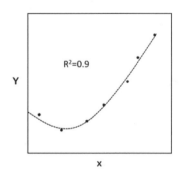

図 2・12　近似直線（1 次式）と近似曲線（2 次式）

　Excel の「近似曲線のオプション」には線形近似（直線）以外にも、**指数近似**、**対数近似**、**多項式近似**、**累乗近似**、**移動平均**があります。単純に散布図上のデータにフィットした曲線を求めたいならば、こうしたオプションを順番に試してみて一

番当てはまりの良い式を選べば良いように思えます。

しかし、いきなり「曲線を合わせてみる」やり方は本末転倒です。近似曲線を描く前に、まずデータが変化する様子をしっかりと観察する必要があります。明らかにデータが増えたり減ったりする傾向が見られるときは**多項式**（2次式以上）などを試してみても良いのですが、多少の増減はあるものの変化量がほぼ一定の場合は、**直線近似**を選ぶ方が無難です。もちろん、対数近似や指数近似を使った方がよい現象も少なからずありますが、線を描く前に「なぜデータがそのように散らばるのか」をじっくり考えてみることが大切です。

  統計学を使う

みずきはあらためて**散布図**を見て1係の「営業スタイル」を考えてみました。

1係の「顧客訪問件数」と「売上」の決定係数は 0.8408 とかなり「当てはまりが良い」といえます。そして Excel の「近似曲線の書式設定」から「多項式近似」の次数（D）で2（2次式）を指定すると、決定係数 R^2 は 0.9305 とさらに良くなります（図 **2·13**）。

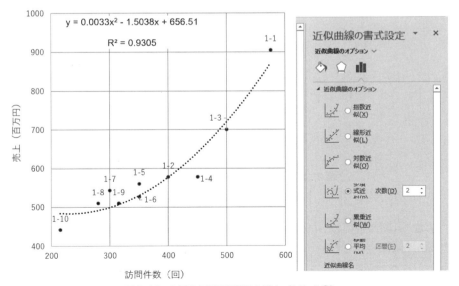

図 2·13　1係の年間訪問件数と売上（2次式 ①）

直線（1次式）ではなく、曲線（2次式）の方がぴったりするということは、訪問すればするほど売上は急上昇するということになります。

「でも、それはおかしい。毎日朝から晩までとにかく訪問していれば売上がどんどん上向きに伸びて行くなんてことはあり得ない。どこかで限界があるはず。」そう思ったみずきは、火野部長に顧客への訪問件数の限界値をたずねてみました。

すると「そうだね、お客様が近いところにあるか遠いところにあるかで変わってくるが、外回りできる日数が年間200日くらいだから、1日2件としても400〜450件くらいが良いところかな。」という答えが返ってきました。

そこで、訪問件数が年間500回以上の1係の2人を「例外」として除いてみました。

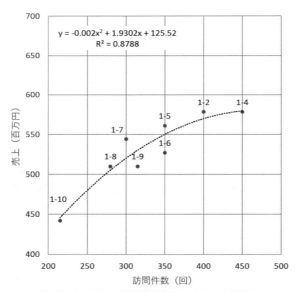

図2・12　1係の年間訪問件数と売上（2次式②）

すると、近似曲線の形は先ほどとは上下逆向きになりました（図2・10）。これは訪問件数を増やしても売上はそれほど伸びず、緩いカーブを描きながら早々に頭打ちになること意味しています。「おそらくこの形が営業活動の本当の姿に違いない」みずきはそう考えました。

みずきの キヅキ

　火野部長の言う通りだとすれば、年間の顧客訪問件数は500件が限界ということになるわね。でも500件も訪問すると、仕事上必要な社内業務がほとんどできなくなってしまう。いくら残業してもこなしきれなくなるから、「隠れ残業」をするしかなくなるということか。1係のような営業スタイルは限界に来ていると言わざるを得ないわね。これから先もこんなことが続けば営業部員は疲れ切るし、新人も採用できなくなってしまうでしょう。

部長の ヒトコト

　とても大事なところに気がついたね。たしかに多くのお客さんと何度も会うことが大事ではあるけれど、これから先のことを考えるとこのままではまずい。まさに今、営業部の働き方を変えないと会社の将来はなくなってしまう。これから現場に行って、営業活動の実態をしっかりと見て、なにかヒントをつかんできてほしい。

03
売れている商品を理解しているか

　OMフーズのような食品卸業者の重要な仕事のひとつにリテールサポートがあります。リテールサポートとは、顧客である小売業者の経営や**販売促進**などを支援する活動です。スーパーを例にとれば、売り場のレイアウト作り、どのように商品を並べるかという**棚割**の提案、業務用端末を用いた情報提供などがあります。営業2係のメインの顧客であるSマートはこの地域の郊外を中心に18店舗を展開する「地場スーパー」です。地元の農家や畜産業者などの生産者と積極的に協業して高品質の食材を提供しているのが強みで、全国展開をしている大手総合スーパーと競合しながらも地域住民から強い支持を集めています。

　Sスーパーも常に人手不足で正社員、特に店長に大きな負荷がかかっています。営業2係の水野係長は、みずきを連れてSマートの店舗のひとつにやって来ました

3・1　売れている理由は何か

金子店長さん、こんにちは。

おや、OMの水野係長さん。今日は新人さんと一緒かい。

はじめまして。白井みずきと申します。今日は勉強させていただきます。

いやいや、いつも勉強させてもらっているのはこっちの方だよ。水野さんには感謝しているよ。

まあ、ご冗談を。ところで当社の契約農家さんに作っていただいた「S（スイート）トマト」の売れ行きはいかがですか？

それがパッとしないんだ。知り合いのお客さんに聞いてみたら、近所のIスーパーに同じようなフルーツトマトがあって、派手に宣伝していてとても売れ行きが良いらしい。そのせいじゃないかって言うんだ。

Iスーパーさんといえば、日本一のスーパーチェーンですよね。値段が安いのですか？

いや、そうでもない。売れている理由はこれらしい。（Iスーパーのチラシを出す）

あ！　この写真ですね。「スイート10トマト。糖度10！の甘くておいしいトマト」

名前は同じ「スイート」なんだけど、Iスーパーはこの糖度というやつを全面に出してチラシ広告を打ってきた。そして5個入りのパッケージに「糖度10」のシールを貼って猛アピールしてきたんだ。

糖度ってよく見かけますけど、甘みのことですか？

ざっくり言うなら果物に含まれる糖分の割合を示す値だよ。甘みは温度や食感にも影響を受けるから糖度イコール甘みじゃないけど、糖度が高いと甘みを強く感じる。

それじゃ、Sトマトも糖度を測って対抗してはいかがですか？

うん。実は本社にあるデジタル糖度計で測ってみた。そうしたら糖度10よりちょっと多いくらいだった。だからSトマトも同じようにPRしようとしたんだけど、店舗管理部から待ったがかかった。

どうしてですか？

Iスーパーは自社工場で自動選果装置が糖度を判定してパックにしている。うちのはOMフーズさんからまとめて仕入れて、本社の工場で5個を1パックにしている。その時に糖度なんて測っていない。だから、ここで1個や2

個の糖度を測っても売り場のＳトマト全部が高糖度とは言い切れないだろう？「それじゃ全然説得力がない」と言うわけさ。

そうですか・・・でも、そういう品質に対するこだわりがＳマートさんの強みだと思います。ところで白井さん、統計学でなんとか解決する方法はないの？

そ、それはさすがに無理だと思います。

そうだよね。でも、Ｉスーパーのトマトとうちのやつを食べ比べてみたけど、何度味わってもうちの方が少し甘いような気がするんだ。そうだ、ちょっと試食してみてよ。

それじゃ遠慮なく。白井さんも食べてみて。

はい、いただきます・・・おいしいです、これ！

こっちにＩスーパーのスイート10もあるから比べてみて。

はい・・・うん、おいしいです。でもＳトマトの方がお世辞抜きで甘いっていうか、味が濃いっていうか・・・

本当だわ。いっそのことＳトマト全部の糖度を調べてしまえば「糖度10のＳトマト」と堂々といえるけど。

そりゃ無理だね。うちが仕入れるＳトマトは全店合わせりゃ数千個はあるからね。

全部を調べなくても糖度がわかる方法・・・もしかしたら統計学で何か解決できるかもしれません。

 統計学を学ぶ

　ここまでに使ってきた統計学は、必要なデータがすべて揃っていることが前提でした。残業時間や売上高といった既知の（すでにわかっている）データに基づいて

平均や標準偏差といった代表値を計算し、母集団である営業部の特徴を表現していました。このような統計学を**記述統計学**といい、1章（**p.010**）で学びました。

ところが今回はそうはいきません。「Sトマトは糖度が10以上なので甘くておいしいですよ！」といいたいのですが、すべてのトマトの糖度を測定器で調べることはできません。時間と費用がかかることはもちろん、肝心のトマトが売れなくなってしまいます。

「Sトマト全部」のように母集団に含まれるすべてのデータを調べることができないときに使うのが推測統計学です。

● 推測統計学

母集団の規模が大きく、全部のデータを調べることができない場合、その一部を抜き取って全体を推測します。このような手法を**標本調査（サンプル調査）**、その手法に基づいた統計学を**推測統計学**といいます。

ひとつ例を挙げてみましょう。海外のあるアパレルブランドが、日本で20代の男性向けのジャケットを作って売り出す計画を立てました。販売担当者は、どのサイズのジャケットを中心に品揃えをするかを決めるため、20代の日本人男性の平均身長と分散（身長の**ばらつき**）を調べることにしました。

母集団＝20代の日本人男性
母平均＝20代の日本人男性の平均身長
母分散＝20代の日本人男性の身長の分散

知りたいのは母平均と母分散ですが、母集団は約630万人もいるので、どう考えても全員の身長を測ることは不可能です。そこで、何人かを選んで（**抽出**して）身長を測り、そのデータをもとに母平均と母分散を推測することにします。**母集団**か

ら抽出する対象を**標本（サンプル）**といいます。

統計学では、母集団や標本（サンプル）に関する値を次のように表現します。

母平均	μ	標本平均	$\bar{x}$
母分散	σ^2	標本分散	S^2
母標準偏差	σ	標本標準偏差	S

（μ はミュー、σ はシグマ、$\bar{x}$ はエックスバーと読みます）

ここで注意してほしいのは、**標本数（サンプル数）**と**標本の大きさ（サンプルサイズ）**の違いです。標本とは抽出したデータの集まりです。一方、標本に含まれるデータの数を標本の大きさ（サンプルサイズ）といいます。抽出したデータが100個あれば、サンプルサイズ＝100となります。

たとえば次のような標本調査を行ったとします。

　　1回目の調査で100人の身長を測った
　　2回目の調査で200人の身長を測った
　　3回目の調査で300人の身長を測った

この場合、標本数は3、サンプルサイズはそれぞれ100、200、300となります。

無作為抽出

標本調査の目的は、母集団の特徴を正しく知ることです。そのためには、標本（サンプル）が母集団の正しい縮図になっていなければなりません。もしサンプルの選び方に**偏り**（かたより）があった場合、誤った判断をしてしまう可能性が大きいからです。

たとえば、アパレルブランドがサンプルとして「日本プロバスケットボールリーグ所属の20代日本人選手30人」を選び、身長を調べたとします。その結果、平均身長が188.5 cmだったとします。これは母集団「20代の日本人男性」の特徴を正しく反映しているとは言えません。

サンプルを抽出するときは、偏ることがないよう**無作為抽出（ランダムサンプリング）**という方法をとります。文字通り、作為なしにサンプルを抜き出すことです。無作為抽出の方法は様々ですが、いずれもサイコロを転がして出た目に従うような、偶然による結果を利用します。

● 正規分布

推測統計学を使う上で、最も大切なもののひとつが**正規分布**（normal distribution）です。分布というのは、母集団を構成するデータの「ばらつきの形」です。はじめに、1章に出てきた**ヒストグラム**を思い出してください。

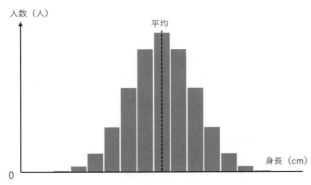

図3・1　日本人男性の身長のヒストグラム（人数）

このヒストグラムは「日本人男性」の身長を調べたものです（実際はもっと複雑な形をしていますが）。分布の形は平均を中心にして背が高く（低く）なるにしたがって数は減っていきます。平均身長に近い人の数が一番多く、極端に高い人や極端に低い人は少ないということがわかります。

ここで、グラフの横軸を「身長」のままにして、縦軸をその身長の人が現れる「確率の高さ」に置き換えてみます。そのとき、母集団の中からランダムに1人選んだ

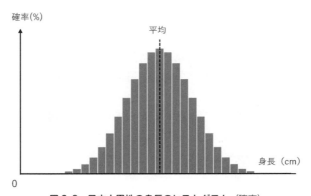

図3・2　日本人男性の身長のヒストグラム（確率）

とすると、その人の身長は平均（170 cm）に近い確率が最も高く、平均から離れるにしたがってその身長が出現する確率は小さくなっていきます。

さらに身長の**階級幅**を 1 cm から 0.5 cm、1 mm…とどんどん狭くして行き、最終的に 0 にすると、飛び飛びの値（**離散量**）から連続した値（**連続量**）になり、ヒストグラムの外形は釣り鐘のような曲線を描きます。

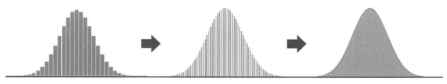

図 3·3　確率密度関数

この曲線は、横軸の値に対して生じる確率を関数の形で表しているので、**確率密度関数**と呼ばれています。

このような釣り鐘型の曲線を持つ分布を「理想化」したものを正規分布といいます。正規分布は統計学の中でもっとも重要な確率分布です。なぜなら、自然現象や社会現象など、世の中のありとあらゆるところに、その形を見つけることができるからです。農産物の大きさのばらつきや、工業製品の寸法誤差、模擬試験の点数のばらつきまで、私たちの生活の中のさまざまな現象を説明する上でとても「役に立つ」分布です。正規分布は発見者のカール・フリードリヒ・ガウスにちなんで「**ガウス分布**」とも呼ばれます。ユーロになる前のドイツの紙幣「マルク」には、ガウスと正規分布の図が描かれています。それくらい重要だということがわかります。

統計学では正規分布以外にもさまざまな形をした分布を扱いますが、この本では基本的に「母集団は正規分布している」ことを前提にします。その理由は、この本

で扱う母集団は 1 章で述べたように意味のある集団、すなわち「同じグループにできるものの集まり」であると考えるからです。

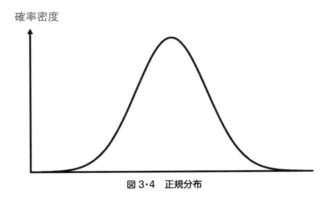

図 3·4　正規分布

次の数式は正規分布を**確率密度関数**で表したものです。複雑な計算は Excel がやってくれますので、これを覚える必要はありません。

$$f(x) = \frac{1}{\sqrt{2\pi\sigma^2}} e^{\left(-\frac{(x-\mu)^2}{2\sigma^2}\right)}$$

μ は平均を、σ は標準偏差です。

● 標準正規分布

標準正規分布とは平均＝0、標準偏差＝1 の正規分布です。大きさや単位が異なる分布であっても、母集団が正規分布に従っていると仮定できれば、すべてこの形（平均＝0、標準偏差＝1）に変換することができます。正規分布を標準正規分布になるように変換することを**標準化**といいます。

ある値 X を標準化する式は次のとおりです。標準化された値を Z で表します。

$$Z = \frac{X - \mu}{\sigma}$$

1 章の「**偏差値**」は、この標準化を利用して国語と数学という平均点やばらつきの異なる科目を、同じ土俵（同じ評価基準）に乗せたものです。それぞれの科目の点数を、平均を 0 にして標準偏差で割るという標準化をした後、その値を 10 倍して 50 を足し「平均が 50 点のテストの点数に似せる」という工夫をしたものです。たとえば、A さんは国語 62 点（平均点 70 点）、数学 90 点（平均点 70 点）で、科目

ごとの標準偏差は国語 9.6 点、数学 17.0 点でした。A さんの国語と数学の偏差値は次のように計算します。

- **国語**

  標準化する　$\dfrac{62-70}{9.6}=0.8333$

  10 倍して 50 を足す　$0.8333\times10+50=41.6666$　偏差値 42

- **数学**

  標準化する　$\dfrac{90-60}{17.0}=1.7647$

  10 倍して 50 を足す　$1.7647\times10+50=67.6471$　偏差値 68

偏差値によって A さんのそれぞれの科目での相対的な位置がわかります。

また、平均 μ、標準偏差 σ の正規分布について、次のようになることがわかっています。

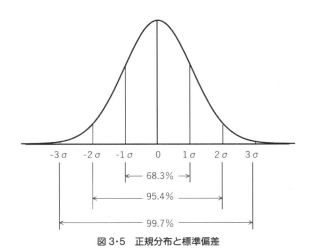

図 3・5　正規分布と標準偏差

　-1σ（標準偏差）〜 $+1\sigma$（標準偏差）内に含まれる確率が約 68.3%
　-2σ（標準偏差）〜 $+2\sigma$（標準偏差）内に含まれる確率が約 95.4%
　-3σ（標準偏差）〜 $+3\sigma$（標準偏差）内に含まれる確率が約 99.7%

● 推定

母集団からサンプルを抽出して、母集団の平均や分散（あるいは標準偏差）を推測する方法を**推定**といいます。推定には「**点推定**」と「**区間推定**」という2つの方法があります。点推定は母集団の平均などを1つの標本調査で推定することで、区間推定は一定の範囲で推定することです。

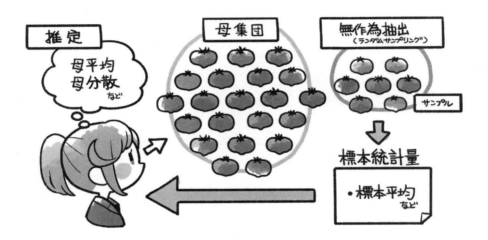

母集団からいくつかのサンプルを抜き取り、そのサンプルから得られるデータをそのまま母集団の推定値とします。**標本平均**、**標本分散**をそのまま母平均、母分散とすることです。ただし、標本平均（$\overline{x}$）が母平均（μ）と、標本分散（S^2）が母分散（σ^2）と等しいという意味ではなく、あくまでも「1点」で推定したものだということです。

標本平均と標本分散の計算式は次のとおりです。n はサンプルサイズ（標本として抽出したデータの個数）を表しています。

$$標本平均 = データの総合計 \div データの個数$$
$$\overline{x} = (x_1 + x_2 + \cdots + x_n) \div n$$

標本平均をもって母平均の推定値とします。

$$標本分散 = (データ - 標本平均)^2 の総合計 \div データの個数$$
$$S^2 = \{(x_1 - \overline{x})^2 + (x_2 - \overline{x})^2 + \cdots + (x_n - \overline{x})^2\} \div n$$

ただし標本分散については母平均の推定値とみなすことはできません。
母分散の推定については「区間推定」で説明します。

  統計学を使う

みずきと水野係長はSマート18店舗にあるSトマトを母集団として、その糖度の平均値を推定するために標本調査を行うことを提案しました。Sマートの店舗管理部は水野係長の提案を受け入れ、18ある店舗から1パックずつトマトを集めました。1つのパックには5個入っているので、合計 $18 \times 5 = 90$ 個のトマトが揃いました。

店頭に並んでいる商品は、Sマートでランダムにパック詰めしているので、標本は無作為抽出したものとみなすことができます。これを「サンプルサイズ（標本の大きさ）90」のサンプルとします。**推定作業**は、90個のトマトの糖度をデジタル糖度計で測り、その結果を記録して平均値を計算することです。

みずきは作業を行う店員さんにお願いして、大きなテーブルの上に細長い仕切りを11列作り、測定し終えたトマトを置く場所を作ってもらいました。列は糖度が低い順から0.5刻みに増えていく形になっています。列はヒストグラムの「**階級**」に対応しているわけです。そして、トマトの糖度を1つ測ったらその値を示す番号の列に置いていってもらいました。

トマト 90 個の糖度測定を終えたテーブルを見て、(みずき) はちょっと驚きました。テーブル上に並んだトマトの様子は、まさに釣り鐘のような形をしていました。

測定結果は次のとおりです。

表3·1 Sトマトの糖度の度数分布表

階級	糖度 (以上〜未満)	度数 (個数)
1	0.0 〜 8.0	1
2	8.0 〜 8.5	5
3	8.5 〜 9.0	6
4	8.0 〜 9.5	10
5	9.5 〜 10.0	13
6	10.0 〜 10.5	19
7	10.5 〜 11.0	12
8	11.0 〜 11.5	9
9	11.5 〜 12.0	7
10	12.0 〜 12.5	6
11	12.5 〜 13.0	2

平均	10.31
最大	12.74
最小	7.98
分散	1.29
標準偏差	1.14

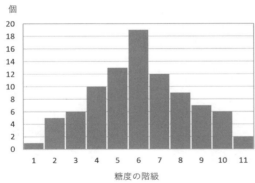

図3·6 Sトマトの糖度のヒストグラム

平均糖度は 10.31、標準偏差(ばらつき)は 1.14 でした。

Excelでは、次のような関数を使います。( )の中には対象データが入ります。

　　　平均　　　=AVERAGE( )
　　　最大　　　=MAX( )
　　　最小　　　=MIN( )

したがって「Sトマトの平均糖度は10.31と推定できます。

 みずきのギモン

今回のサンプルは、たくさんのトマトの中からたまたま（偶然に）抜き取られた90個の平均値だから、それがSトマト全体（母集団）の平均値に一致するとは思えない。また別の90個を調査すれば、数値が多少は異なるはず。とすると本当に今回の平均値「糖度10.31」を母平均（Sトマト全部の平均）と言ってしまって良いのかしら？

 部長のヒトコト

もちろん「偶然に」抜き取られたサンプルの平均値が母集団の平均値に一致することはまずない。だから、今回のように10.31という1つの「点」だけで母平均を推定する点推定では不安が残るね。だからこの後に出てくる「線」で推定する区間推定という考え方があるわけだ（後述 **p.075**）。
ただし、今回は次のような事実があるので、母平均の推定値として使っても差支えないだろう。
- サンプルサイズ90という十分大きなデータを使っている。
- トマトは品質管理が行き届いたハウス栽培なので、糖度のばらつきは少なく、正規分布していると考えられる。
- サンプルだけで正規分布に近いばらつきを確認できた。

以上から「平均糖度10以上のトマト」という表現は問題ないと思う。Sマートの店舗管理部から調査結果について聞かれたらそのように答えればいいだろう。

3・2 良い商品だといい切れるか

Sトマトの売上、絶好調みたいですね。「平均糖度10以上（推定値10.31）」というのが結構効いたのかもしれません。統計学って役に立ちますね！

もちろん役に立っていると思うけど、売れている一番の理由はSマートの店員さんたちの頑張りだと思うわ。

そうでした。広告のチラシや店頭用のPOPもおいしそうに見えるし、試食販売のパートさんもとても熱心だし。統計学は材料を提供しただけですね。

何言っているの。その材料が店員さんたちのやる気を引き出したのだから、統計学はたいしたものよ。

だとしたらすごく嬉しいです。それからあの90個のトマト、どうなったんでしょう。お店に戻しても売り物にならないし・・・

あれはSマートのセントラルキッチンでトマトソースにして、本店のフードコートで「数量限定・Sトマトスパゲティ」にして売ったの。1皿600円と値段は高いけど味が良いって評判になっていたわ。定番メニュー化することも考えているらしい。

へー、Sマートさんやりますね。

提案したのは私だけどね。

えー！ その場で思いついたんですか？

とんでもない。いろいろ考えて、フードコートで出すスパゲティのソースに使ってもらうのが良いかなと思ったの。それで材料費、加工費をざっくり見積もって原価計算をしてから売値を決めて、どんな味にするか、ネーミングはどうするか、簡単な提案書を作ってプレゼンしたのよ。

すごいです！ 営業のやり方が1係と全然違いますね。

それは営業スタイルの違いね。それはさておき、また糖度を調べてほしいという相談があったの。こんどはうちの会社のバイヤーからだけど。

またトマトですか？ ちょっと飽きてきましたけど・・・

こんどはメロンよ。

メロン！ やります、やります。メロン大好きです！

それがね、大手のM商事が海外から買い付けた2,000玉なのだけど、うちに買わないかって言ってきたの。値段はかなり安くしてあるみたい。

でも、買うか買わないかの判断はバイヤーさんがするのですよね？

そう。バイヤーは買うつもりなのだけど、2,000玉の糖度の平均値がどのくらいなのかを知りたいんだって。そこへSトマトの件が伝わったらしくて、糖度の平均値を推定してほしいと言ってきたわけ。

じゃあ、Sトマトのときと同じように、社内の倉庫にメロンを100玉くらい集めてかたっぱしから糖度を測りましょう！ 測り終わったらジュースにして・・。

そうはいかないでしょ。まだM商事から買っていないのだから。バイヤーは10玉くらいなら用意できるって言っているけど。

たった10玉で2,000玉のメロンの糖度の平均値を推定するのですか？ できるかなあ・・・。

統計学を学ぶ

　前回同様、母集団（2,000玉のメロン）から10玉の**サンプル**を抜き取り、標本平均と標本分散を計算して母平均と母分散の推定値としたいのですが、今回はひとつ問題があります。**標本分散**は母分散よりも小さい方へ偏ってしまうという性質があるため、サンプルサイズが小さいとき（30以下のとき）は母分散の推定に使うことができないのです。

● 不偏分散

　そこで、母分散（σ^2）の正しい推定値となるように補正した**不偏分散**（s^2）という値を使います（標本分散は大文字のSでしたが、不偏分散は小文字のsとします）。不偏分散（s^2）は母分散（σ^2）を正しく予測できるような推定量です。

$$母分散 \quad \sigma^2 = \frac{1}{n}\sum_{i=1}^{n}(x_i - \mu)^2$$

$$不偏分散 \quad s^2 = \frac{1}{n-1}\sum_{i=1}^{n}(x_i - \overline{x})^2$$

　不偏分散（s^2）はExcelの関数では「=VAR.S( )」です。

　気がついたと思いますが、不偏分散を計算するときはn（データの数）ではなく（$n-1$）で割ります。（$n-1$）という値を**自由度**といいます。

　なぜ標本分散のようにnではなく、自由度（$n-1$）で割るのでしょうか。

　いま日本人全員の真の平均年収を知りたいとします。しかし、たとえ税務署でもそれは不可能です。一方、母平均（真の平均年収）は間違いなく存在しています。ということは、母集団から抽出するデータがさまざまな値をとる（"自由に動く"といいます）としても、母平均は決まっていますから、自由に動ける数は1つ少なくなります。したがって分母は自由度（$n-1$）となります。

　たとえば、**1章で登場したある店で働いている従業員5人の給料を母集団**（21, 22, 23, 24, 25）万円とします。いま、母集団の給料が全く分からないとして、サンプルを抜き取って母平均を推測することを考えてみましょう。常識はさておき、可能性としてはサンプルの値は無数に考えられます。その状態を「自由に動く」といいます。しかし、母集団の平均値は知ることができないだけで、実際には$(21+22+23+24+25) \div 5 = 23$万円と決まっています。ということは、5個のデータのうち4個は自由に動くとしても、1個は必ず平均値である23万円にするた

め「動かすことができない」のです。したがって、不偏分散を計算するときには n ではなく、自由度 ($n-1$) を使うのです。自由度については、より深く学ぶための本を巻末に紹介しておきますので参照してください。この本では**母分散の推定には不偏分散を使う**としておきます。

● 区間推定

区間推定とは、母集団が正規分布に従う（正規分布していると仮定できる）ときに、母平均や母分散などが「ある区間の中に存在する」ことを推定する方法です。このときの区間のことを**信頼区間**といいます。

点推定の場合は、標本平均をズバリ母平均の推定量としました。たとえば、日本人男性5人をランダムに選んで身長を測ったところ平均が 171.5 cm だったとします。その結果「日本人の男性の平均身長は 171.5 cm と推定できる」とすることです。

区間推定の場合はもう少し慎重に考えます。「この値からこの値の間に母平均（真の平均）がある」と考えるのです。たとえば「標本調査の結果から 95% の確率で 164.3 cm から 178.7 cm の間に日本人男性の平均身長が存在する」という言い方をします。

この 95% という数字を**信頼度**といいます。信頼度 100% としたいところですが全数を調べない限り不可能なので、統計学では慣習的に 95%（より慎重に推定するときは 99%）を目安として使います。

母平均の区間推定では、母分散がわかっている場合（既知）と分からない場合（未知）とで、その算出方法が異なります。しかし、一般に母平均がわからないのに母分散がわかっているということは通常あり得ないでしょう。それでも、標本の大きさ（サンプルサイズ）がそれなりに大きい場合は、正規分布の値を利用して推定することができます。しかし、30 より小さい場合、誤差が大きくなってしまい上手くいきません。そのときは、母集団が正規分布に従うという前提で、***t* 分布**という分布を使って信頼区間を推定します。

● *t* 分布

ある母集団（母平均 $=\mu$）が正規分布しているならば、サンプルサイズ n を抽出したときの標本平均 ($\overline{X}$) のばらつきは自由度 $n-1$ の *t* 分布に従います。

その分布の値（***t* 値**）は次の式で与えられます。この式の分母の値を**標本誤差**といいます。標本誤差は標本平均の分布の標準偏差（標本平均のばらつき）です。

$$t = \frac{\overline{X} - \mu}{\sqrt{\dfrac{s^2}{n}}}$$

$$\sqrt{\frac{s^2}{n}} = \sqrt{\frac{不偏分散}{サンプルサイズ}} = 標準誤差$$

　t 分布は正規分布に似た形をしていますが、不偏分散（s^2）を算出するときに使った自由度に応じて形が変化します。自由度が大きくなるにつれて、徐々に正規分布に近づいて行きます。n が 30 以上であれば正規分布とみなしても良いでしょう。

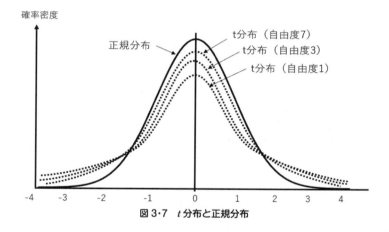

図3・7　t 分布と正規分布

　t 分布の値は **t 分布表**という数値表から知ることができます。t 分布表は統計学のテキストやウェブサイトから容易に入手できますが、Excel の関数で計算することもできます。

● 区間推定の式

　t の値がわかっているので、先ほどの t 値を算出する式を利用して、次のように母平均（μ）を推定することができます。

$$\overline{X} - t\sqrt{\frac{s^2}{n}} \leq \mu \leq \overline{X} + t\sqrt{\frac{s^2}{n}}$$

（例） 日本人男性5人（$n=5$）をランダムに選んで身長を測ったところ、標本平均（$\overline{X}$）が 171.5 cm、不偏分散（s^2）が 33.515 でした。

信頼度 95% で区間推定をするときに自由度が 4（$=5-1$）の場合、t の値は t 分布表より 2.7764 という数値であることがわかります。あるいは、t 分布表を使わず、Excel の関数 T.INV.2T を使う場合「=T.INV.2T(0.05,4)」と入力すると 2.7764 という値が返ってきます。Excel では 1 − 信頼度を「確率」という引数にしていますので、信頼度 95% は「確率」0.05 になります。

表 3・2　サンプルの身長

No.	身長（cm）
1	181.1
2	171.9
3	170.2
4	168.2
5	166.1
平均（$\overline{X}$）	171.5
不偏分散（s^2）	33.515

t 値がわかったので、区間推定の式に $\overline{X}=171.5$、$t=2.7764$、$s=33.515$、$n=5$ を代入します。

$$\overline{X} - t\sqrt{\frac{s^2}{n}} \leq \mu \leq \overline{X} + t\sqrt{\frac{s^2}{n}}$$

$$171.5 - 2.7764 \times 2.589 \leq \mu \leq 171.5 + 2.7764 \times 2.589$$

$$164.3 \leq \mu \leq 178.7$$

日本人男性の平均身長は「信頼度 95% で 164.3 cm から〜 178.7 cm の間にあると推定できる」となります。

統計学を使う

みずきは OM フーズの本社に行き、バイヤーからメロン 10 玉を受け取りました。トマトの例ではサンプルサイズは 90 でしたが、今回のメロンはわずか 10 ですから不偏分散を使います。

早速 10 玉のメロンに番号を振り、糖度計で計測して一覧表を作りました。メロンには糖度以外にも熟度、硬さ、重さ、大きさなどに共通の規格がありますが、今回は糖度だけを計測しました。

● **糖度の規格**

極秀（プレミアム）	糖度が 18 度以上の玉はすべて
特秀	糖度が 16 度以上
秀	糖度が 14 度以上
優	糖度が 13 度以上
A	糖度が 12 度以上
規格外	糖度が 12 度未満

表 3·3 メロンの糖度

No.	判定	糖度
1	秀	14.81
2	特秀	16.51
3	秀	15.77
4	特秀	16.35
5	秀	14.76
6	優	13.99
7	秀	15.04
8	秀	14.32
9	優	13.87
10	特秀	16.25
標本平均		15.17
不偏分散		0.98
自由度		9

母集団（メロン 2,000 玉）から 10 玉を抽出して点推定を行った結果、平均糖度は 15.17、判定は「秀」となりました。しかし、わずか 10 玉からの推定値ですから、自信をもって「2,000 玉のメロンの糖度は 15 以上である」とは言い切れません。

そこで区間推定を行います。

t 値は Excel「`=T.INV.2T(0.05,9)`」より 2.262 であることがわかりました。前出の区間推定の式に $\overline{X}=15.17$、$t=2.262$、$s^2=0.98$、$n=10$ を代入します。

$$\overline{X} - t\sqrt{\frac{s^2}{n}} \leqq \mu \leqq \overline{X} + t\sqrt{\frac{s^2}{n}}$$

$$15.17 - 2.262 \times 0.313 \leqq \mu \leqq 15.17 + 2.262 \times 0.313$$

$$14.46 \leqq \mu \leqq 15.88$$

メロン 2,000 玉の平均糖度は「信頼度 95% で 14.46 から〜 15.88 の間にある」ということになります。したがって「おおよその糖度 15 の甘いメロン」と言って良いでしょう。ただし、真の平均糖度（μ）がこの区間にはない可能性も 100%−95＝5% は残っています。この数値を信頼度とは逆の意味で**危険度（危険率）**あるいは**有意水準**といいます。

みずきの ギモン

全数を調べない限り信頼度 100% はあり得ないというのはわかるけど、なぜ統計学では慣習的に 95% なのかしら。99% の場合もあるらしいけど、90% とか 80% とかその都度決めちゃダメなの？

部長の ヒトコト

信頼度は必ず 95% にしなければならないというわけではないが、統計学では 95% やその逆の 5% は頻繁に登場する。くわしくは **5** 章で触れるけれど、5% という数字は覚えておいてほしい。

04
顧客の気持ちを理解しているか

　OMフーズ南支店の主な顧客は地域密着型のスーパーマーケットチェーンです。全国展開をしている超大手スーパーほどではありませんが、大都市の郊外を中心に多店舗を展開する中〜大規模なチェーン店が多く、中でも1係が担当しているKストアと2係が担当しているSマートは営業部の「重点顧客」になっています。

　両社ともここ数年、セルフレジの導入やオリジナル商品の開発など、効率化と高付加価値化を進めてきた努力が実って好業績を維持しています。おそらく次は調達の合理化、つまり卸売業者を通さず情報システムを活用してメーカーや生産者から直接商品を仕入れるようになるのではないかと言われています。

　OMフーズもこうした動向については危機感を持っており、重点顧客に対する「次の一手」に悩んでいます。

4・1　得意先を分類してみる

　月初に開かれるマネージャー会議の出席者は、支店長をはじめ係長以上の役職者ですが、今回は特別に火野営業部長の指示により白井みずきが一般社員としてはただ1人参加しています。朝8時から始まった会議は、前月の売上と荒利（粗利ともいいます）の速報、商品在庫状況の報告、総務関係の連絡事項など何事もなく進んで行きました。10時近くになってそろそろ終わりかなとみずきが思ったとき、火野部長が口を開きました。

　土田係長、水野係長、うちの重点顧客であるKストアとSマートへのこれからの対応だけど、どう考えている？

はい。Kストアに対しては、さらにコンタクト回数を増やし、今まで以上に現場の細かいニーズを拾い上げ、こまめに対応していきます。

Sマートの売上アップにつながる新しい販促アイデアやイベントの企画を提案し、食品メーカーも巻き込んで実施していく予定です。

ありがとう。ではここで人事部から出向中の白井さんに、今までに営業課で経験してきたことを踏まえて一言コメントをもらいたいと思います。

ええっ！ 全く準備してこなかったので何も言えません。すみません。

まあ、そう緊張しないで。新鮮な目で見て思ったことを素直に言ってくれればいいよ。

・・・では。営業課の皆さんのお客様に対する誠実な対応は素晴らしいと思いました。でもせっかくですから、もう一歩踏み込んだ活動をしても良いのではと感じました。

踏み込んだ活動？

はい。お客様の課題を解決するお手伝いをしてはいかがでしょうか。KストアもSマートもそれぞれ課題があるはずです。当社が何かお手伝いできれば、この先も頼りにしていただけるのではないかと思います。

具体的には何をするの？

まだ勉強中なので具体的なことはわかりませんが・・・お客様にとっての課題をキャッチして「**見える化**」できれば、お役に立てると思います。そのために統計学が使えるのではないかと考えています。

なるほど。統計学を使って課題解決のお手伝いをするというわけか。

そうです。統計学はお客様が日頃感じている「不便」や「不安」といったはっきりしないものを「**見える化**」できます。解決策はお客様自身が考えることなので、あくまでもお手伝いですが。

わかった。白井さん、KストアとSマートについて土田係長、水野係長からいろいろと教わってください。

はい。土田係長、水野係長、よろしくお願いします。

  統計学を学ぶ

統計学で扱うデータにはさまざまな種類がありますが、大きく2つに分類されます。1つは質的データ、もう1つは量的データです。さらに質的データは名義尺度と順序尺度に、量的データは間隔尺度と比率尺度に分類されます。

■ 質的データ
（1）名義尺度
性別、地域、天候、商品の種類など、単に区別のみに用いられている尺度です。カテゴリーデータとも言います。数値で表現されていても、計算をすることに意味はありません。

（2）順序尺度
金・銀・銅メダル、格付けなど、順序をつけるための尺度です。順番だけが意味を持つので、金と銀の差は僅差も圧勝も順位は同じです。

■ 量的データ
（3）間隔尺度
温度など目盛が等間隔の尺度です。朝の気温20℃からお昼には10℃上がって30℃になったといった和・差には意味がありますが、気温が1.5倍になったといった比には意味はありません。

（4）比例尺度
身長、体重、売上高など、原点が存在する尺度です。四則演算すべてに意味があります。

表4・1 データの種類

データの種類	尺度の種類	意味	可能な計算
質的データ	名義尺度	区別するだけ。カテゴリデータ	できない
	順序尺度	順序に意味がある	ほとんどできない
量的データ	間隔尺度	間隔に意味がある	+、-
	比例尺度	原点（0）と比率に意味がある	+、-、×、÷

● **クロス集計表**

　質的データをわかりやすくまとめるには**クロス集計表**（分割表ともいいます）が役に立ちます。クロス集計表とは次のような表です。これはあるスーパーでアイスクリームを買った10代から70代の500人を対象に「好みの味（名義尺度）」についてアンケートを取った結果です。設問は「年代」と「好みの味」の2つです。

　この表は7行（年代）、5列（好みの味）になっているので、7×5のクロス集計表という言い方もします。

表4・2　クロス集計表（1）

	いちご	チョコレート	バニラ	抹茶	ミント	合計
10代	3	3	10	6	9	31
20代	6	20	27	12	9	74
30代	8	29	37	13	5	92
40代	6	38	64	18	4	130
50代	7	32	36	25	3	103
60代	5	9	20	16	1	51
70代	2	3	6	8	0	19
合計	37	134	200	98	31	500

　また、設問を3つ以上かけ合わせて集計することを**多重クロス**といいます。このアンケートで性別も聞いているならば次のような「3重クロス」になります。

表 4·3 クロス集計表 (2)

		いちご	チョコレート	バニラ	抹茶	ミント	合計
10代	女性	2	2	7	4	7	22
	男性	1	1	3	2	2	9
20代	女性	4	11	19	5	6	45
	男性	2	9	8	7	3	29
30代	女性	7	19	28	9	3	66
	男性	1	10	9	4	2	26
40代	女性	5	30	44	9	3	91
	男性	1	8	20	9	1	39
50代	女性	4	25	31	17	2	79
	男性	3	7	5	8	1	24
60代	女性	4	8	15	13	1	41
	男性	1	1	5	3	0	10
70代	女性	2	2	5	6	0	15
	男性	0	1	1	2	0	4
合計		37	134	200	98	31	500

　クロス集計表は、データを整理して見やすくするだけではなく、正しい統計処理をするために必要なものです。データの種類や数が多くなるほど有効になるので、必ず作成しましょう。

 統計学を使う

　みずきはKストアとSマートの基本的なデータを表にまとめました。

表 4·4　KストアとSマート

	Kストア（1係担当）	Sマート（2係担当）
店舗数	30	18
年間売上高（百万円）	56,100	49,900
1店舗あたり年間売上（百万円）	1,870	2,772
1店舗あたり店舗面積（m²）	1,385	2,057

　会社全体の規模はわかりましたが、これだけでは両社の特徴がはっきりしません。

みずきはKストアとSマートそれぞれの平均に近い店舗を選び、調査した結果をクロス集計表にしてみました。

表4・5　KストアとSマート・商品別内訳

			Kストア (N店) (1,369 m²) 1.26百万円/m²		Sマート (J店) (2,127 m²) 1.20百万円/m²	
年間総売上高（百万円）			1,728.0	100%	2,555.2	100%
食品合計			1,607.0	93%	2,069.7	81%
	生鮮3部門		604.8	35%	1,676.5	35%
		青果	野菜、果実、花など	259.2	15%	1,357.9	17%
		鮮魚	生魚、干物、冷凍商品など	138.2	8%	1,099.9	8%
		精肉	牛・豚・鶏、ハムなど	207.4	12%	890.9	10%
	惣菜	天ぷら、サラダ、寿司など	259.2	15%	721.7	9%
	日配*	豆腐、牛乳、バターなど	432.0	25%	584.5	17%
	グロサリー	麺類、飲料、調味料など	311.0	18%	473.5	20%
その他	雑貨など		121.0	7%	383.5	19%

＊　日配：毎日店舗に配送される商品

土田係長、水野係長、みずきの3人はこの表を見ながら両社の課題について話し合いをはじめました。

はじめにKストア、Sマートそれぞれの特徴について気づいたことを発表したいと思います。両社とも食品主体で売上高も同じくらいですが、うまく住み分けしているようです。Kストアは店舗数が多く、JRの駅を中心に比較的市街地に集中しています。一方、Sマートは郊外に大きな店舗が点在しています。それが1係と2係の営業活動におけるスタイルの違いになっているようです。

そうだね。Kストアは店同士がわりと接近しているので、効率良く営業活動ができる。逆に言うと「ついでだから、隣の店にも顔を出しておこう」という気になる。行けば行ったで何かしら用事があるから、支店に戻るのが遅くなってしまうわけだ。

Kストアの日配と惣菜の比率が高いのはなぜですか？

駅に近い店だと、夕方帰り際に立ち寄って惣菜を買って行く人が多いんだ。日配もそれにつられてよく売れる。だけどKマートは店舗面積がさほど大きくないから日配のような冷蔵品をたくさんストックしておけない。品切れしそうになったらすぐに補充する必要がある。こまめな営業活動は必須だね。

Sマートはその他（雑貨類）の比率がわりと大きいですね。

Sマートの店舗は周囲にあまり大きな店がないから、お客さんは雑貨類も買いに来るのよ。近くにホームセンターができたりすると激減しちゃうけどね。Sマートとしては、そうならないよう大きな店を構えることで近くにホームセンターが進出してこないようにアピールしているところがあるの。

Sマートの課題はホームセンター対策ですか？

それもあるけど大きな店舗を作るということは、**採算性**もそれだけ厳しく問われるということ。Sマートの売場1 m^{2}当たりの売上は全店舗平均で約135万円だから日本のスーパーマーケット全体の平均120万円より上だけど、店舗によってばらつきがあるの。だから課題は何かといえば大規模店舗の採算性が見えないということかな。

Kマートの課題は店舗面積が小さいから、店舗単位の**在庫管理**と発注の効率化が課題だと思う。店舗数が多いので、店長や商品発注担当者の力量のばらつきが大きな課題だね。

KストアさんとSマートさん、どちらも連れて行っていただけますか？

みずきの キヅキ

　クロス集計表って単純にデータを表にしただけだと思っていたけど、こうしてKストアとSマートを比較してみるといろいろなことがわかるわね。商品別の売上比率を比べるだけでも、どんな顧客をターゲットしているのかが見えてくる。それぞれの課題も見えてきそう。

部長の ヒトコト

　そのとおり、クロス集計表はただの表ではないよ。データをクロスして（掛け合わせて）、そこに潜んでいるいろいろな事実を探り出すことができる便利な道具だ。さらに Excel のピボットテーブル機能を使えば、さまざまな視点からデータを集計・分析できる。Excel は統計関数を使うだけじゃなく、クロス集計表を作るときにも大いに活用してほしい。

4・2　「お客様は神様」か?

　みずきは土田係長とKストアで一番大きなX店に営業車で向かっています。Kストアは中規模店舗が多く郊外型スーパーに比べてやや小ぶりですが、商店街や住宅街の近隣に店を構えているため売上は大きく、1係の一番のお得意様です。

土田係長、これから行くKストアのX店はどんなお客様ですか？

Kストアの中でも売上が一番大きい店だよ。店長はベテランでちょっと頑固だけどすごく優秀な人だ。Kストアは購買管理システムを使って商品を一括で仕入れているけど、いつもここの店長の裁量でうちの商品をたくさん買ってもらっている。

店長さんから直接1係に連絡が入ることはよくあるんですか？

そうだね。割と頻繁に「明日までに○○を3ケース持って来い」とか言ってくるんだ。でも、売れ残りや欠品はほとんどなくて、いつ店に入ってもきれいに商品が並んでいる。**店舗在庫**も最小限で、**商品廃棄**もほとんど出ない。

優秀な店長さんですね。

うん。「良い発注はKKDが基本」というのがご本人の口癖だ。

KKDって何ですか？

「勘と経験と度胸」のことだよ。でも最近はちょっと鈍ってきたかな。おかげで無茶振りが多くなってきた感じもする。

それでうちの残業も多くなってしまうんですね。

でも、お客様は神様だからね。とにかくこまめにサポートすることが大事だよ。そうやって信頼関係を築くことがうちの売上につながるんだ。

急な発注は、商品の種類でいうと何が多いですか？

日配（牛乳、豆腐、納豆、漬物、バター、チーズなど）と生鮮（青果、鮮魚、精肉）だね。グロサリー（麺類、飲料、酒類、調味料など）は日持ちするし発注単位も大きいからそれほど苦労しないよ。

すると、日配と生鮮の流通を改善すれば仕事も楽になりますね。

もちろん。特に日配は**利益率**も高いから、そうなればＫストアさんにとってもうちにとってもありがたいね。統計学で解決できそう？

解決するのは難しいですけど、現状を「**見える化**」することはできそうです。そうなればＫストアさんも手が打ちやすいと思います。

  **統計学を学ぶ**

　流通業（小売業と卸売業）は日々膨大な量の商品を扱うため、商品の**発注**と在庫管理の善し悪しが企業の利益に大きく影響を与えます。**在庫管理**とは、店頭の商品を切らさず余らせもしないよう発注、保管してお客様に届けすることです。

　在庫管理における欠品とは、お客様がその商品を買いに来たときに、店頭にもバックヤード（店の倉庫や作業場）にもない状態です。せっかくの売上を逃してしまうので最も避けたい事態です。余剰在庫とは、売れ残り商品を指します。値下げ処分をしても売れないときは廃棄処分となります。商品が売れて在庫が減って行き、欠品になる寸前のタイミングで入庫・補充されなければなりません。

● **在庫管理**

　一般に、在庫管理は次のようなグラフで説明することができます。
　リードタイムとは発注をかけてから納品されるまでの時間、**安全在庫量**とは欠品にならないよう確保しておく最低限の数量です。

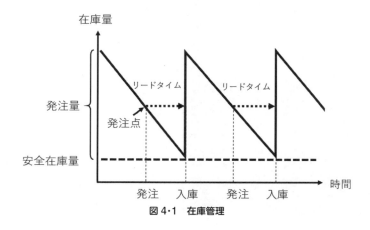

図4・1　在庫管理

しかし、商品の売れ方には**ばらつき**があります。日々同じ量が売れ、在庫が直線的に減っていくということはまずありません。逆に、全く売れなかった商品が、翌日完売するということはまれです。もちろん、テレビで紹介された食品が翌日売り切れてしまうこともありますが、あっても年に数回程度です。

商品の販売数は毎日上下しますので、在庫が少なすぎれば欠品となり、多すぎれば**廃棄**が生じます。日々の数量の変動は、折れ線グラフにするとかなり上下して見えますが、長期的に見れば**平均値**を中心に正規分布すると考えてよいでしょう。

● **安全在庫量**

安全在庫量は、このばらつきが正規分布しているとみなして計算します。
1日の販売数のばらつきが**正規分布**であるとするならば、

$$\textbf{安全在庫量} = 安全係数 \times 標準偏差 \times \sqrt{リードタイム}$$

となります。

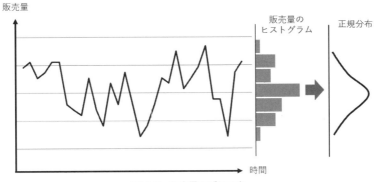

図4・2　販売量のばらつき

安全係数は、**欠品許容率**（欠品をどのくらい許容するか）によって決まる値です。この値は正規分布の**確率密度関数**から導き出されたものです。

2章の「(8月の)最高気温とアイスクリームの販売数」の例で安全在庫数を計算してみましょ

表4・6　欠品許容率と安全係数

欠品許容率	安全係数
10%	1.29
5%	1.65
2%	2.06
1%	2.33

う。標準偏差は 4.658 個です。発注してから入庫するまでのリードタイムを 2 日(発注をかけたら翌々日に入荷する)、欠品許容率を 5% とすると

$$安全在庫量 = 1.65 \times 4.658 \times \sqrt{2} = 10.87$$

11 個となります。
さらに、発注点(在庫がこの数量になったら発注をかける)は次のようになります。

$$発注点 = リードタイム \times 1 日の平均販売数 + 安全在庫量$$

リードタイムは 2 日、8 月のアイスクリームの平均販売数は 1 日 68 個でしたから

$$発注点 = 2 \times 68 + 11 = 147$$

となります。在庫が 147 個を切ったら 2 日分の平均販売数($68 \times 2 = 136$)を発注すればよいことになります。ただしアイスクリームのように季節変動が大きい商品は、短期間で販売数が大きく変化するので注意が必要です。

 統計学を使う

　KストアのX店では若手社員の山田さんが日配の発注業務を任されています。それまで発注数を決めていた超ベテランのパートさんが辞めてしまったため、急きょ担当することになったのです。山田さんは研修で**季節指数**(季節による売上の変動を数値化したもの)や商品データを使った分析方法をひと通り学んでいます。そうした知識を使って発注しても、欠品が生じたり廃棄が出たりと上手くいきません。

　OMフーズのような食品卸は、食品メーカーと小売業者の間に入って需給を調整する役割を果たしているため、欠品や廃棄が多くなると営業活動に支障が出てしまいます。X店の黒須店長は山田さんに対して「君にはしっかり KKD を身につけてほしいから」と少し突き放し気味です。

　困った山田さんは土田係長に助けを求めてきました。土田係長も山田さんの信頼を勝ち取るチャンスと思っています。しかし、どちらかといえば土田係長も KKD 派なので今回はみずきに任せてみることにしました。

　みずきは、店長から許可を得て昨年度 1 年分の日配データをもらいました。日配の特徴は牛乳、チルド飲料、豆腐、納豆、漬物、卵、生麺など賞味期限が短いもの

や冷蔵・冷凍品が多いことです。そのため、思ったよりも売れないと廃棄が多くなります。また、冷蔵ショーケースに並べておくものなので、欠品があるとかなり目立ってしまい、売り場の印象を悪くしてしまいます。

みずきはX店の日配で最も扱い量の多いパック牛乳（1リットル）の過去1年分の日別のデータを使って、安全在庫量を出してみました。その結果、1日あたり平均販売数は138.4本、標準偏差は27.6本でした。牛乳のリードタイムは1日ですから、欠品許容率を1%に設定すると

$$安全在庫量 = 2.33 \times 27.6 \times \sqrt{1} = 64.3$$

65本となります。しかし、みずきはこの値はあまり意味がないと考えました。なぜなら、季節による変動が必ずあるからです。たとえば1年で一番牛乳が売れるのは8月で一番売れないのは12月です。標準偏差もかなり違うはずです。

みずきは月別の標準偏差を調べ、安全在庫数を計算しました。

表4・7　牛乳の月別標準偏差と安全在庫数

	1月	2月	3月	4月	5月	6月	7月	8月	9月	10月	11月	12月
平均	162.8	148.4	152.5	119.6	116.7	122.5	140.8	174.3	161.0	124.9	128.8	108.8
標準偏差	10.6	10.1	19.7	11.9	17.3	14.6	29.1	35.1	12.5	20.3	15.9	10.9
安全在庫量	25	24	46	28	41	34	68	82	30	48	38	26

山田さんはこの表と、これまでに自分が発注したデータを突き合わせてみました。山田さんは「牛乳はリードタイムが1日で、しかも店舗在庫を多く持てないから、もっと大きく外れた数字になると思っていましたが、意外に合っているのでちょっと驚いています。」という感想を口にしました。次にみずきは1年間、52週分の標準偏差をグラフにしてみました。

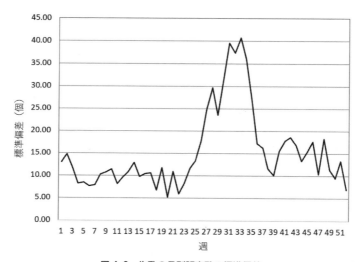

図4・3　牛乳の月別販売数の標準偏差

7月と8月を除けば、週単位でのばらつきはそれほど大きくないことがわかりました。山田さんはこのデータを元に週単位で安全在庫数を計算し、発注計画の基礎数値として使ってみることにしました。

 とりあえず1か月運用してみます。

 もし欠品が起きそうだったらいつでも連絡してください。

みずきはこれで急な納品の依頼が減ることを祈りました。
そして1か月後、土田係長とみずきはX店の店長に呼ばれました。

OMフーズさんの提案のおかげで日配の欠品と廃棄がかなり減ったよ。ありがとう。KKDも大事だけど統計学もかなり使えるね。管理本部にこの取り組みを話したら、全店でやってみようということになった。3か月試してみて成果が出たら本格的に導入する計画だ。

ありがとうございます。この1か月、特に後半になってから当社の緊急納品も減りました。山田さんが発注計画をかなり細かく作ってくださったおかげだと思います。

今回の件はうちの白井が頑張ってくれました。ただし、まだまだKKDにかなわないところがあります。たとえば天気や特売日や競合店の値段なども売れ行きに影響を与えます。統計データを参考にする一方で、そうした数値化しにくい部分をどう読むかを、ぜひ山田さんに教えてあげてください。

そうだね。ただ突き放してばかりじゃ部下は育たないということがよくわかった。今後は山田君とコミュニケーションをしっかりとっていくよ。

みずきのギモン

小売業や卸売業にとって在庫管理はとても大事だということがわかった。もともと利益が少ない業界だからこそ、細かく正確に在庫をコントロールしなくちゃいけない。でも、数千アイテムの商品を品切れもなく廃棄もなく管理するのはKKD（勘と経験と度胸）ではとても無理ね。これからはAI（人工知能）が管理するようになるのかしら。

部長のヒトコト

すでにAIをつかった在庫管理システムは市販されている。実は当社も試験導入に向けて検討をはじめている。KKDというのは、人間が経験的に積み重ねてきた過去のデータを使って直感的に意思決定することだ。そのデータをコンピュータに処理させれば、より正確に素早く結論を得ることができる。そして、人間もAIも実際のデータ処理のやり方は、基本的には統計学にかなり近いものと考えている。KKDもAIも同じ統計学という土台の上に乗っているというわけだ。

4·3 本当の「お客様第一」とは

　水野係長とみずきはＳマートの本社での打ち合わせを終え、支店に帰る営業車の中にいます。

　Ｓマートの店舗開発部長が直々に"折り入って相談がある"なんて言うので、かなり緊張しました。

　そうね。しかも今度の役員会にはかる新店舗計画についてだから私も緊張したわ。で、今日の話の内容は理解できた？

　はい。Ｓマートの今年度の売上高が念願の500億円を超えることが確実なので、新しく作る19店舗目のＳ店は超大型店にするということでした。現在Ｓ店の候補地として、店舗面積だけで3,600 m^2 以上確保できる広い土地を仮契約で押さえているとのことでした。しかし、経理部長が大規模店舗の収益性に疑問を感じているので、何か説得する材料を考えてくれという依頼でした。

　すごい。しっかり頭に入っているじゃない！

　いえ、実は頭に入っていません。打ち合わせのときメモを取っておいたので、それを読み上げただけです。

　しっかりメモを取ることは営業の基本中の基本よ。白井さん、出向じゃなくて営業に異動してきたら？

　水野係長にほめられるとすごくうれしいです。日記に書いておきます。

　店舗開発部長も言っていたけど、3,600 m^2 の新店舗がどのくらいの売上になるかが今回の大きなポイントね。既存の18店舗の売上高と店舗面積のデータをもらったから、それを使って新店舗の売上を予測してみましょう。新店舗で50億円以上の売上が見込めるなら社長を説得するときの強力な材料になると言っていたので、そういう結果になるといいわね。

そのデータがあれば分析ができます。説得力のあるグラフも作ります。お任せください！

統計学を学ぶ

● 回帰式

　ここまでに説明した**回帰式**は、ある値（y）に影響を与えている値（x）が1つだけなので**単回帰式**、その分析方法を**単回帰分析**といいます。単回帰分析の場合、回帰式だけに頼らずグラフをよく見て「何らかの関係がありそうか、なさそうか」を判断することが大切です。

　2章で学んだ「最高気温とアイスクリーム」の散布図をもう一度見てみましょう。Excelで近似曲線と決定係数（R^2）を追加すると $y = 1.2244x + 26.98$ という回帰式が現れます。R^2 値は 0.5 以上ですから、近似曲線の当てはまりも良いといえます。

　では、この回帰式を使って明日のアイスクリームの販売個数を予測してみましょう。天気予報によれば明日の最高気温は 40°C とのことです。x に 40 を代入すると、$1.2244 \times 40 + 26.98 = 75.9$（個）となります。明日は 76 個くらい売れるだろうという予測ができます。

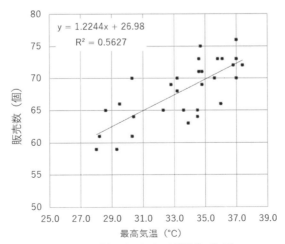

図 4・4　日別アイスクリーム販売数（8月）

しかし、常識的に考えて気温が 40°C にもなれば多くの人は外出を控えるでしょう。まして「最高気温 50°C になったら 88 個売れる」というのは計算上成り立つとしても、実際の予測としての意味がありません。では、この回帰式は実際にどのくらい「使える」のでしょう。

● **外挿と内挿**

次のグラフは販売数（y）と最高気温（x）の範囲を広げてみたものです。

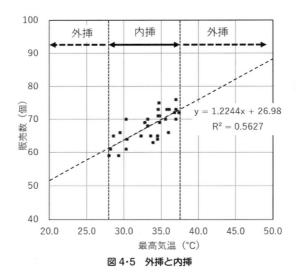

図 4·5　外挿と内挿

既存のデータを基にして、そのデータの範囲の外側で予想される数値を求めることを**外挿**（がいそう）といいます。それに対して、既存のデータの範囲内で数値を求めることを**内挿**（ないそう）といいます。内挿の範囲であれば予測値は十分使えますが、外挿の範囲にあるときは十分な注意が必要です。

また、回帰式では「相関関係なし」となっていても、グラフから何らかの相関が読み取れる場合もあります。

次の図は相関係数（r）＝ 0「相関関係なし」ですが、一見して x と y の間には何らかの関係がありそうです。

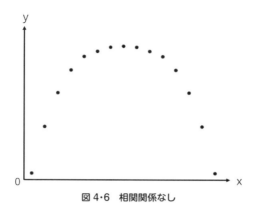
図4・6　相関関係なし

次の図は「**ヤーキーズ・ドットソンの法則**」を説明するときに使われるものです。

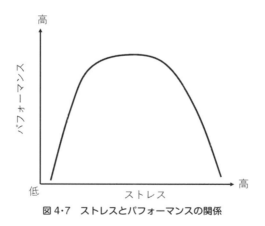
図4・7　ストレスとパフォーマンスの関係

　この法則は「人間は適度な緊張（ストレス）があるときに最大限のパフォーマンス（能力）を発揮できる」という説です。横軸のストレスレベルが徐々に上がるにつれパフォーマンスも上がっていきますが、ある段階を超えると逆に低下していきます。このように相関係数だけでは説明できないことも決して少なくはありません。
　回帰分析では、相関係数や決定係数、回帰式だけを見るのではなく、グラフも合わせてしっかりと全体を観察することが大切です。

統計学を使う

みずきはＳマートの店舗開発部長から受け取ったＡ店からＲ店まで全18店舗のデータ（表4・8）を元にして散布図（図4・8）を作りました。

表4・8　Ｓマート店舗別面積と年間売上①

	店舗名	店舗面積 (m²)	年間売上 (百万円)	備考
1	A	1,297	1,477	本社ビル付属
2	B	2,438	3,777	
3	C	2,853	4,197	フードコート
4	D	2,023	2,602	
5	E	1,867	2,808	
6	F	1,492	1,778	
7	G	1,377	1,598	
8	H	2,598	3,884	
9	I	2,749	3,352	フードコート
10	J	2,127	2,555	
11	K	2,231	3,359	
12	L	1,245	1,555	
13	M	1,688	2,219	
14	N	2,646	3,556	
15	O	2,218	2,873	
16	P	1,971	2,991	
17	Q	1,501	2,111	
18	R	2,697	3,221	フードコート
合計		37,018	49,912	
平均		2,057	2,773	
相関係数 (r)		0.94		

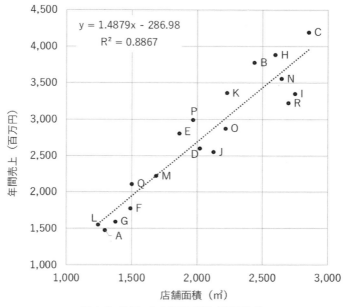

図4・8 Sマートの店舗面積と年間売上 ①

回帰式 $y = 1.4879x - 286.98$ については決定係数 $(R^2) = 0.8867$ と「大変よく当てはまっている」といえます。この回帰式を使えば十分説得力のある結論を導くことができそうです。

さっそく回帰式に新規店舗（S店）の面積 $3,600 \text{ m}^2$ を代入してみると、

$$1.4879 \times 3,600 - 286.98 = 5,069$$

となりました。

したがって $3,600 \text{ m}^2$ の新店舗は50億円以上の売上が見込めます。Sマートの念願だった年間売上500億円にふさわしい新店舗をここで実現できそうです。そして2係にとっても新たな売上が期待できます。

みずきは結果に満足してすぐに水野係長に報告しました。

「水野係長、できました。新店舗の売上は50億円を超えます。早速Sマートにプレゼンに行きましょう！」

しかし、グラフを見た水野係長はこう言いました。「右肩上がりの傾向がはっき

りと出ているし、数値も信用できそうね。すごく説得力がありそう。だけど・・・うーん、何となくしっくりこないわね。」

そして「こんなふうに上に行くほど点が広がっているように見えるわ。」と言ってグラフに2本の線を引きました。

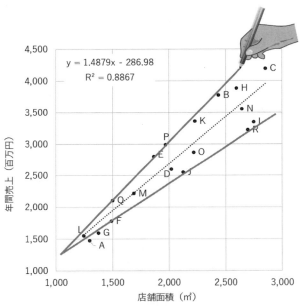

図4・9　Sマートの店舗面積と年間売上②

「あ！本当ですね。」みずきは驚きました。

店舗面積と年間売上が大きくなるにつれて店舗を表す点の分布が広がっています。

「残業時間と売上の散布図のときは3人の値が直線からだいぶ離れていたから気がつきましたけど、今度はうっかり見落とすところでした。」

そこで 18 店舗を店舗面積の大きい順に並べ替えた表を作りました。

表 4・9　Ｓマート店舗別面積と年間売上 ②

	店舗名	店舗面積 (m²)	年間売上 (百万円)	備考
1	C	2,853	4,197	フードコート
2	I	2,749	3,352	フードコート
3	R	2,697	3,221	フードコート
4	N	2,646	3,556	
5	H	2,598	3,884	
6	B	2,438	3,777	
7	K	2,231	3,359	
8	O	2,218	2,873	
9	J	2,127	2,555	
10	D	2,023	2,602	
11	P	1,971	2,991	
12	E	1,867	2,808	
13	M	1,688	2,219	
14	Q	1,501	2,111	
15	F	1,492	1,778	
16	G	1,377	1,598	
17	A	1,297	1,477	本社ビル付属
18	L	1,245	1,555	
平均		2,057	2,773	
相関係数 (r)		0.94		

次に、散布図上に店舗面積と年間売上、それぞれの平均にあたる位置に直線を引いてみました。

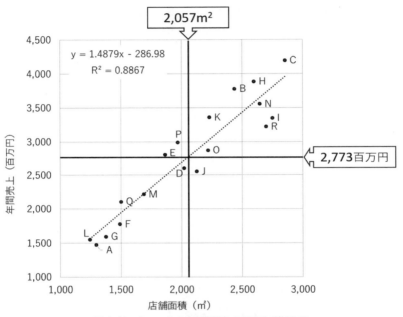

図4・10 Sマートの店舗面積と年間売上の平均値

そして店舗面積と年間売上の両方が平均を上回っている（C、I、R、N、H、B、K、O）の8店舗を「大規模店」グループ、それ以外の10店舗を「小規模店」グループとしました。さらにそれぞれのグループごとに散布図を作りました。

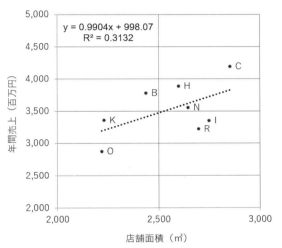

図4・11　大規模店グループの店舗面積と年間売上

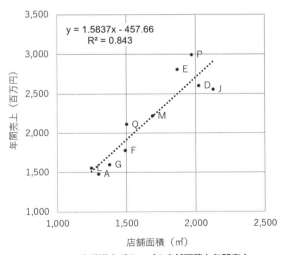

図4・12　小規模店グループの店舗面積と年間売上

「大規模店」グループの回帰式 $y = 0.9904x + 998.07$ については決定係数（R^2）＝ 0.3132 と「当てはまりが良くない」といえます。この式に新店舗の面積 3,600 m² を代入すると、$0.9904 \times 3,600 + 998.07 = 4,563.5$ となり、50億円には届きません。

新たに新店舗が開店すれば、営業2係の売上は大幅に増えることが見込めます。全18店舗のデータを使った計算結果とグラフだけを提示すれば、新店舗開設に向けての強力なアシストになりそうです。しかし、本当にお客様を第一に考えるならば、懸念される点も含めて検討した結果を正直に説明するべきでしょう。

水野係長とみずきはデータをまとめてSマートの店舗開発部向けの説明用資料を作りました

資料の要点は次のとおりです。

- 全18店舗の回帰式から店舗面積 3,600 m² の売上は 50億6千9百万円と予測できる。
- ただし、店舗面積と年間売上の両方が平均値を上回る「大規模店」については、ばらつきが大きく、推定値の信頼性も低い。
- 大規模店では店舗面積以外の要因が売上に影響を与えていると思われる。
- したがって、新店舗の開店についてはさまざまな視点からさらに検討を重ねる必要があると考える。

Sマートの役員会を翌週に控えたある日、水野係長とみずきは店舗開発部長に検討結果を説明しました。そして説明の最後に水野係長が次のように付け加えました。

「**回帰分析**の結果、3,600 m² の新店舗の売上が 50億円以上になるという確証はございません。ご意向には沿えなかったかもしれませんが、このデータが少しでも参考になれば幸いです。」

店舗開発部長はすこし渋い顔をして聞いていました。

しばらくして、Sマートの店舗開発部長から2人にメールが届きました。

OMフーズ
南支店営業部
水野係長様、白井様

いつもお世話になっています。
先日は当社の新店舗計画について大変有意義なアドバイスをいただきまして、誠にありがとうございました。
その後、当社の役員会に本件をはかりました。
今ここで役員会での結論をお知らせすることはできませんが、貴社に作っていただいた資料は有効に使わせていただきました。

役員会の後、当社社長より水野係長様、白井様に対して感謝の意を伝えるようにとの指示がありました。

貴社の真摯な対応にあらためて感謝申し上げます。
今後とも当社をサポートしていただければ幸いです。

よろしくお願いいたします。

Sマート
店舗開発部
部長　XXX

みずきの ギモン

　店舗面積だけを判断基準にしていたら年間50億円の売上は達成できないかもしれないと正直に言ったことは、Sマートさんには評価されたみたい。でも、それが原因で新店舗の計画が延期されたり中止になったりしたらどうしよう。大規模店舗（店舗面積が全店平均の2,057m²以上）では面積以外にどんな要素が売上に影響を与えているのかしら。

部長のヒトコト

　SマートさんはS店舗面積以外のさまざまな要素を洗い出して検討しているはずだ。商圏状況や他社店舗の存在などたくさんあるだろう。それに加えて近隣に幹線道路や駅、新しく団地が作られる計画などがあればそうした要素も考慮する必要がある。最終的にはSマートさんの社長さんの判断次第ということになるのだろう。あ、それってKKDかもしれないね。

05
成果が出ていると思い込んでいないか

　みずきが南支店営業部に出向してから半年が経ちました。みずきはこの半年を振り返ってみました。

　最初の1か月は残業の削減に取り組んできました。前年度の残業時間を一覧にした「職場の残業時間の実態」レポートを作り、「逆」残業偏差値を発表することで、営業部員の残業に対する意識を変えようとしました。さらに毎月残業時間の実績と「逆」残業偏差値をプリントして配布しました。

　しかし、営業部の残業時間は前年度に比べてそれほど大きく減りませんでした。みずきもそのことは気になってはいましたが、土田係長や水野係長と一緒にお客様のところへ出向いているうちに営業の仕事が面白くなってしまい、残業削減活動については忘れがちになっていました。

　みずきは営業の仕事をしているうちに気づいたことがありました。それは「働き方改革イコール残業を減らすこと」と思っていたけれど、もしかしたら違うかもしれないということでした。仕事の効率がアップすれば、お客様への提案を考える時

間も作れるし残業時間も減らすことができます。しかし、1係も2係も普段の仕事を見る限り、無駄があるとは思えません。

「営業部の働き方を変えよう！と意気込んでやって来たのに、ほとんど成果が出せていない。これでいいのかな？」みずきは考え込んでしまいました。

5・1　統計データを使って結果を確かめる

火野部長、今年度と昨年度の営業部の残業時間を比較してみました。今年度前期6か月の合計残業時間は2,948時間で前年同時期の3,038時間から90時間減りました。対象は営業部員29名（時短勤務者1名を除く）のままですから、減少率は3%弱です。今回の残業削減策の効果が思ったより小さかったので、ちょっと残念です。

そんなことはないよ。2年半前の「強制残業削減命令」でいったん10%くらい減った後、じわじわ増えてきて去年は元に戻ってしまった。それが今期になって毎月少しずつ減ってきている。強制じゃなくて意識を変えるという作戦は成功したんじゃないかな。

今回の残業削減策が、統計的に効果があったのかどうか確かめてみます。

まあ、3%弱減っただけでも上出来だよ。うちの部は「残業3悪」つまり、① だらだら残業、② 仕事抱え込み残業、③ 上司にお付き合い残業は禁止している。もしそれらしい残業をしてたら厳しく指導もしている。だからこれ以上残業を減らすのは難しいと思う。それに、お客様のご要望に応えるためには必要最小限度の残業は仕方ないよ。

はい。私も土田係長、水野係長の仕事ぶりを見ていて本当に無駄がないと思いました。お二人とも本当にお客様に頼りにされていることがわかりました。

そうだね。営業にとって、お客様から頼りにされることが一番大事だ。この半年で二人から仕事の進め方を学んだはずだから、それを人事部に持ち帰って効果的な研修プログラムを作ってほしい。

はい。頑張ります。

統計学を学ぶ

■ 検定

検定（test）とは、ある**仮説**を立ててそれが正しいのか否かを**検証**する**推測統計学**の手法のひとつです。**統計的仮説検定**と呼ぶこともあります。私たちは、自らの主張が正しいといいたいときは、その証拠となる事実をいくつか挙げて正しさを訴えることをします。しかし、統計学ではちょっとまわりくどい方法で正しさを証明しようとします。それは、いったん「主張したいこととは逆の仮説」を立て、その仮説を否定してみせることで、当初の主張が正しいのだと証明する方法です。

検定にはその対象や目的に応じたさまざまな手法がありますが、ここでは「**対応のある 2 標本の t 検定**」について説明します。

■ このサプリはダイエットに効果があるか？

次のような例を考えます。ある会社がダイエットに効果があるというサプリメントを開発したので、本当に効果があるかどうか、**実験**をして確かめることにしました。このサプリメントの購買層からランダムに 10 人を集めて 1 か月試してもらい、体重の変化を比較して効果を確かめます。

10 人の平均体重が使用前・使用後で変化したかを検証するなら、「**対応のある 2 組の平均値の差の検定**」となります。別々の 10 人のグループに対して、一方だけ試してもう一方は試さず、2 組の差を検証するなら「対応のない 2 組の平均値の差の検定」となります。

検定の手順は次のとおりです。

① 2 つの**仮説**を立てる
② **有意水準**を設定する
③ **検定統計量**を決める
④ **棄却域**に入っているかどうかを確認する
⑤ **結論**を出す

この会社は「サプリメントを使ったらダイエット効果があった」と PR したいので「対応のある 2 組の平均値の差の検定」を行うことにします。実験前に 10 人の体重を量って平均値を出し、1 か月後実験の平均値と比べて「実験後の方が（少ない

方に）差が出た」かどうかを調べます。

① 2つの仮説を立てる

仮説（Hypothesis：ハイポセシス）とは最初に決めておく「結論」です。「効果あり」という仮説だけを決めておけば良さそうな感じがしますが、それでは上手く行きません。なぜなら、あらゆるケースを調べて効果があることを示さなければならないからです。

検定では、まず「証明したい仮説を真っ向から否定する仮説」を立てます。その仮説を**帰無仮説**（H_0）と呼びます。「実験の前後では平均体重に差がない」というのが帰無仮説です。証明されては困る仮説、捨て去りたい仮説というわけです。一方、本来に証明したい「実験の前後では平均体重に差がある」という仮説を**対立仮説**（H_1）と呼びます。

検定の対象となるのは帰無仮説です。帰無仮説は対立仮説を否定するための存在なので、帰無仮説が**棄却**されれば（捨て去られれば）、対立仮説が支持されることになります。もしも帰無仮説が棄却できないときは「帰無仮説が支持された」ということではありません。あくまでも捨て去ることができなかったので「対立仮説が正しいとは言えない」というあいまいな結論になります。

② 有意水準を設定する

帰無仮説を棄却できるかどうかは、データの偏りが偶然生じる確率（**有意確率**）によって決まります。有意確率 p（probability）の値がある一定の水準より小さい場合は帰無仮説を棄却します。有意水準は慣習的に 5% または 1% が用いられます。

有意水準（**危険率**）を 5% とすると、$p \leq 0.05$ ならば「非常に稀な事態が生じた」と判断します。すなわち、「偶然生じたとはいえない」→「帰無仮説を棄却して対立仮説を採用」ということになります。帰無仮説「実験の前後では平均体重に差がない」が棄却され、対立仮説「実験の前後では平均体重に差がある」が支持されます。

$p > 0.05$ なら「たまたま起こったことに過ぎない」→「帰無仮説は棄却されない」ということになります。「実験の前後では平均体重に差がない」は否定できない、という表現をします。繰り返しになりますが、帰無仮説が棄却されなかったとしても「棄却できるほどの証拠がなかった」ということです。

③ 検定統計量を決める

実験の前と後の平均値の差が有意かどうかは t 値を基にして判断します。t 値は

3章で登場した t 分布の統計量です。

$$t 値 = \frac{差の平均}{\sqrt{\dfrac{s^2}{n}}}$$

もう1つは前述の **p 値**（有意確率）を使う方法です。たとえば、p 値が 0.003（0.3％）だったとします。もし帰無仮説が正しいとするならば、0.3％ の確率でしか起きないことが起きてしまったということになります。それならば「もともと帰無仮説は正しくなかった」とした方が正しいと考えるべきです。

ただし、どのくらいの確率をもってそう判断するかは、検定をする前に決めておかなければなりません（後から決めるのはルール違反です）。

p 値は Excel の関数を使って計算します。p 値がこの値より小さければ「帰無仮説を棄却する値」が**有意水準**で、前述のように慣習的に 5％ または 1％ が用いられます。

④ **棄却域に入っているかどうかを確認する**

では、実際に t 値と p 値を求めてみましょう。

サプリメントのダイエット効果を検証するため、10人に1か月間試してもらいました。その結果、表 5·1 のようになりました。

表 5·1 サプリメントを試した前後の体重の記録（kg）

参加者 No.	前	後	差
1	51.0	50.8	0.2
2	55.2	55.5	−0.3
3	52.6	50.9	1.7
4	61.2	59.6	1.6
5	55.4	54.2	1.2
6	57.1	56.4	0.7
7	58.6	58.0	0.6
8	61.4	60.3	1.1
9	57.8	56.9	0.9
10	67.6	66.0	1.6
平均	57.79	56.86	0.93
分散	23.05	20.62	0.42
サンプルサイズ	10	10	10
自由度			9

この結果を基にt値とp値を計算します。

$$t\,値 = \frac{0.93}{\sqrt{\dfrac{0.42}{10}}} = 4.53$$

また、p値を計算する際の前提として母集団（サプリメントの潜在的顧客、市場全体）が正規分布しており、母分散が不明であるとします。

Excelではt検定の関数（T.TEST）を使います。

$$p\,値 = \verb|T.TEST(配列1,配列2,1,1)| = 0.00072$$

配列1は「前」の10人分の体重データ、配列2は「後」の10人分の体重データです。その後ろの1，1は「片側検定，対応がある」を示しています。**片側検定**とは平均値よりも大きい場合か小さい場合かいずれか一方のみを考えた場合です。今回はダイエット効果ですから、体重が増えている方向で考える必要はないため片側検定とします。「差があるかどうか」だけを知りたければ2を指定し、**両側検定**を行います。

この場合のp値は「右側のt分布の値を返す」、=T.DIST.RT(t値，自由度)でも出すことができます（表より自由度＝9です）。

⑤　**結論を出す**

p値0.00072が0.05よりも小さいので**有意差**ありと判断します。または、t値（4.53）が**片側境界値**、=ABS(T.INV(5%, 9))=1.833よりも大きいので有意差ありと判断します。よって、有意水準5%で帰無仮説は棄却されました。

「実験の前後では平均体重に（少ない方に）差がある」といえるので、このサプリメントはダイエットに効果があるといえます。

 統計学を使う

みずきは、昨年度6か月分の営業部における残業時間の合計と今年度の同時期の残業時間を表にして、差を出してみました（表5・2）。確かに前年度よりも90時間減っていますが逆に増えている（「差」がマイナス）も何人かいます。諸事情が変わらないとしたら、残業が90時間減ったことは偶然によるものなのか、それともみずきが仕掛けた「残業削減策」によるものなのかどちらなのでしょう。それを確かめるために検定を行ってみます。

表5・2 昨年度と今年度の残業時間（6か月分）

営業部	部員 No.	昨年度	今年度	差（減少分）
1係	1-1	180	167	13
	1-2	140	147	−7
	1-3	147	144	3
	1-4	132	130	2
	1-5	121	122	−1
	1-6	120	115	5
	1-7	114	111	3
	1-8	115	108	7
	1-9	105	106	−1
	1-10	111	102	9
2係	2-1	150	143	7
	2-2	130	128	2
	2-3	113	105	8
	2-4	98	91	7
	2-5	78	78	0
	2-6	105	102	3
	2-7	117	120	−3
	2-8	94	93	1
	2-9	48	47	1
	2-10	99	100	−1
管理課	S-1	111	109	2
	S-2	42	38	4
	S-3	105	101	4
	S-4	64	66	−2
	S-5	83	77	6
	S-6	74	70	4
	S-7	100	93	7
	S-8	82	77	5
	S-9	60	58	2
合計		3038	2948	90

帰無仮説は「前年度の残業時間と今年度の残業時間には差がない」
対立仮説は「前年度の残業時間と今年度の残業時間には差がある」
有意水準は5%とする。

Excelで関数TTESTを使ってp値を計算します。

TTEST(配列1,配列2,尾部,検定の種類)は、配列1が前年度上半期のデータ、配列2が今年度上半期のデータ、尾部には1（片側分布）を指定、検定の種類は1（対をなすデータのt検定）を指定します。

  =TTEST(A3:A31,B3:B31,1,1)

p値＝0.000179となります。

また、t値はT.INV関数を使って計算します。

T.INV(確率,自由度)は、確率は上記で求めたp値を指定します。自由度はデータ数－1なので、29－1＝28です。

また、t値は絶対値で表示しますので次のようになります。

  =ABS(T.INV(A40,28))

t値＝4.058となります。

p値0.000179が0.05よりも小さいので有意差ありと判断します。またはt値4.058は片側境界値、＝ABS(T.INV(5%,28))＝1.701よりも大きいので、有意差ありと判断します。よって、有意水準5%で帰無仮説は棄却されました。

結論として「前年度の残業時間と今年度の残業時間には差がある」といえるので、今回の残業削減策は残業時間を減らすことに効果があったと考えられます。

みずきのギモン

 仮説検定の考え方ってむずかしい。「帰無仮説を棄却する」という言葉の意味はなんとなく分かったけど、どうもしっくりこない。どうしてこんなに面倒くさい考え方をするんだろう。統計学が嫌いになりそう・・・。

部長の ヒトコト

　たしかに数学が苦手な人にとって、仮説検定は統計学の中でも大きな壁だとか鬼門だとか言われている。逆に数学が得意な人は、意外とすんなりと納得できたりする。仮説検定は**背理法**の考え方とほぼ同じなので、背理法の説明をしよう。
　背理法は証明したいこと（**命題**）をいったん否定して、否定したことで生じる矛盾を示すことで、命題が正しいということを証明する方法だ。簡単な例を挙げてみよう。

　　対立仮説（H1）：証明したい命題　ネコは動物である。
　　帰無仮説（H0）：命題を否定する　ネコは動物ではない。

　そして、帰無仮説が正しいとすれば矛盾が生じる事例を挙げる。たとえば、ニャーと鳴く、走り回る、エサを食べる等
　矛盾が生じたので帰無仮説（ネコは動物ではない）は**否定**（棄却）される
　よって対立仮説（ネコは動物である）は正しい。
　仮説検定の場合は背理法と同じ考え方をするが、背理法のようにきっちりと否定することはできない。たとえば「5％の確率（有意水準）で間違っている可能性はあるけれど、95％は正しいといえる」というのが結論になる。
　ちなみに統計学では「慣習的に」有意水準を5％とすることが多い。有意水準5％をわかりやすく言えば「20回に1回くらいは間違えても問題ないだろう」ということだ。はじめて「5％」を採用したのは、推測統計学を確立した**R. A. フィッシャー**だと言われている。以来、多くの統計学のユーザーが「5％」を受け入れている。一方、医学のように人命に関わるような分野での仮説検定は1％や0.1％の有意水準が採用されることが多い。しかし、一般的なビジネスの現場で使うなら有意水準は5％で十分だろう。

5・2 | 何が結果に影響を与えているのか

土田係長、営業活動の効率が悪くなることがあるとしたら、それはどんなときですか？ お客様からのクレームが来るときでしょうか？

いや、クレームは多くない。うちは不良品や誤出荷はほとんどないからね。

では、何が一番多いのでしょう？

それはいろいろだよ。パスタソース10ケース追加発注したいけどいつ納品できる？ とか、新発売のチーズのサンプルがあったら明日持ってきてくれとか、棚割を変えてみたので画像を送るから意見が欲しいとか・・・そういう依頼が毎日来るよ。

わあ、お客様はいろいろ言ってくるんですね。

そうだよ。急な依頼もけっこう多いんだ。

毎日お客様から「急な依頼」がどのくらい来るのか調べることはできますか？

そうだな・・・営業日報が営業部のサーバーの共有ファイルにあるから「顧客対応」と「緊急」で検索するとわかると思う。昨年度分から見ることができるよ。

ありがとうございます。さっそく調べて分析してみます。

分析って、何をやるんだい？

まだはっきりしませんけど、お客様から「急な依頼」が割り込んでくると仕事の効率にどんな影響が出るのか調べてみたいと思います。

うん、割り込み仕事が入ってくると他の仕事も含めて全体の効率が落ちるからね。そういえば改めて考えたことがなかったな・・・何かわかったら教えてね。期待しているよ。

統計学を学ぶ

● ポアソン分布

　自然現象や社会現象の多くは正規分布に従っています。では、お客様からランダムに入ってくる急な問い合わせや依頼も正規分布に従っているのでしょうか。

　突発的に飛び込んでくる依頼のような事象（できごと）はポアソン分布という分布の形に従うことが知られています。

　ポアソン分布は、ランダムに起きる事象がある一定の時間内に何回起こるのかを確率で示したものです。統計学では「ある一定の時間あたりに平均 λ 回発生する事象が k 回起きる確率」ということになります。たとえば、ある時間（1日）、ある場所（20m四方の交差点）で偶然に起こる事象（交通事故）の「数」の分布です。

　ただし、確率の低い事象についての分布であり、発生する件数が多い場合は正規分布に近くなります。

　ポアソン分布の形は事象が発生する回数によって異なっています。

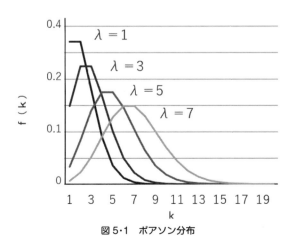

図5・1　ポアソン分布

　ポアソン分布は以下の式で表されることがわかっています。

$$f(k) = \frac{e^{-\lambda} \cdot \lambda^k}{k!}$$

λ（ラムダ：平均）と k（**出現回数**）がわかれば、それがどのくらいの確率でその事象が起きるか $f(k)$ を予測できます。e は**自然対数の底**（てい）で、$e = 2.718281828459$ …という**超越数**（円周率 π も超越数の仲間）です。

ひとつ例をあげてみましょう。

1年間に平均2回事故が起きる交差点を1年間観察したときに、事故を3回目撃する確率はどれくらいでしょう。

Excel の関数 POISSON.DIST（イベント数, 平均, 関数形式）を使って計算してみましょう。(Excelでは「ポワソン」分布となっています)

イベント数 = 3 　（事故を3回目撃する）
平均 = 2 　　　　（平均2回の事故が発生する）
関数形式 = 0 　　（0、FALSE：通常の確率）

　　　=POISSON.DIST(3,2,0)=0.180447044

約18% です。

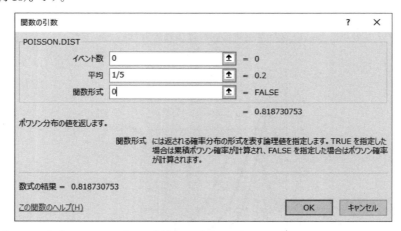

ポアソン分布は、ランダムに発生する事象が平均 λ 回起こることがわかっていれば、k（出現回数）を決めるだけで発生確率を計算できてしまうという大変便利な確率分布です。コールセンターにクレームの電話がかかってくる確率、工業製品の不良品の発生率など、正規分布ほどではありませんが比較的身近な存在です。ただし、完全にランダムでない場合は、正確性が低くなってしまうので注意が必要です。

統計学を使う

　みずきは、残業が減らない最大の理由はお客様からの「突発的な割り込み業務」のせいかもしれないと考えました。しかし「お客様のどんな要求にも喜んでお応えします！」が社是である限り、仕方がないことなのかもしれません。それでも「突発的な割り込み業務」について少しでも改善することができれば、今よりも残業を減らすことはできるかもしれないと思いました。そこで、1係の若手社員の1人に頼んで1日のスケジュールを見せてもらいました

```
 8:30  出社
        メールチェック、本日のスケジュール確認
 8:50  朝礼
        営業部の朝礼。連絡事項の伝達など
 9:00  業務開始
        事務作業。メールでお客様へ連絡。書類準備
 9:30  営業活動開始
        1日のスケジュールを確認し、最初のお客様へ。
10:30  客先訪問1件目
        商談。約1時間。次のお客様へ移動
12:00  昼食、休憩
        ノートPCでメールチェック、管理課に作業依頼
13:00  客先訪問2件目
        商談。約1時間。次のお客様へ移動
14:30  客先訪問3件目
        商談。約1時間
16:00  帰社
        事務作業。メールチェック。書類作成
17:30  係ミーティング
        他のメンバーと情報共有
18:00  翌日の準備
        やり残した事務作業。明日のスケジュール確認と書類の確認。営業日報作成。他部署（管理課や本社）との打ち合わせ、連絡など
19:30  終業、帰宅
        しかし、たいていは事務作業が長引いて20時〜21時になることが多い。
```

みずきはスケジュール表の「事務作業」の時間が意外と多いことに気づきました。そこで、事務作業について具体的にどんなことをしているのか聞いてたところ、だいたい次の4つであることがわかりました。

① 受注・発注の処理、納期管理（社内のシステムを使用）
② メール対応（お客様からの問い合わせ、依頼に対する返信、アポ依頼など）
③ 書類作成（見積書、提案書など）
④ 市場動向、業界情報収集

この中で、残業の主な原因になるのは②と③とのことでした。特に②のお客様からの問い合わせが多く、残業時間の80%近くを占めていました。

次に過去の営業日報を調べてみたところ、お客様からの急な依頼が来るタイミングはバラバラでした。依頼内容によっては、すぐに対応できるものもあれば、手間と時間がかかるものもありました。

たとえば「明日の昼までに新商品のサンプルを持ってきてくれ」という依頼が来たときは、本社の販売促進部に頼み込んでバイク便で送ってもらい、なんとか間に合わせました。本当ならそんな無茶振りは断わりたいところですが、営業担当である限りそうはいきません。土田係長によれば、このような急な割り込み依頼が通常の仕事の流れに「渋滞」を作り、残業を増やしているということです。

昨年度、営業1係には平均して1日に平均して約4件の「急な依頼のメールまたは電話」がありました。1係のメンバーは10人ですから、1人当たり1日に0.4件、1週間（5日）では $0.4 \times 5 = 2$ 件となります。土田係長によれば、その程度なら手の空いているメンバーが協力して通常業務の合間に処理できるとのことでした。しかし、5件を超えると残業時間にずれ込んでしまうそうです。

お客様からの急な依頼は1日に1、2件のもあれば5件、6件と来る日もあります。連日残業になるかと思えば、急に暇になることもあります。

そこで、急な依頼はポアソン分布に従ってやって来るものと仮定してみました。急な依頼が1日平均4件として、営業課の定時での処理能力を超える5件の依頼が来る確率は次のようになります。

e の -4 乗 $= 0.0183\cdots$、$4^5 = 1024$、$5! = 120$ なので、5件の依頼が来る確率は…

$$\frac{e^{-4} \cdot 4^5}{5!} = \frac{0.0183 \times 1024}{120} = 0.1563$$

約 15.6% です。

今回は Excel ではなく、パソコンの「電卓」を使ってその確率を計算してみました（Windows のアクセサリにある「電卓」の左上の「≡」をクリックして「関数電卓」表示にすると e、べき乗、！（階乗）などの計算ができます）。

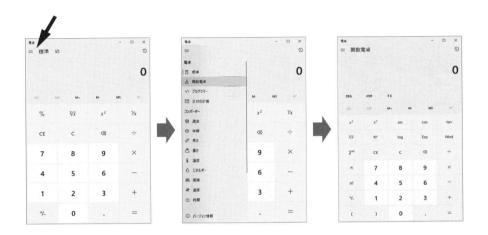

ここからは Excel の関数を使いましょう。

平均 4 件の依頼がある職場に 5 件の依頼がやって来る確率は

$$=\text{POISSON.DIST}(5,4,0)=0.156$$

約 15.6% です。

同様に 6 件、7 件、8 件・・・と起こる確率を累積していけば「5 件以上」になる確率を計算できます。

6 件は　「=POISSON.DIST(6,4,0)=0.104」
7 件は　「=POISSON.DIST(7,4,0)=0.060」
8 件は　「=POISSON.DIST(8,4,0)=0.030」
9 件は　「=POISSON.DIST(9,4,0)=0.013」
10 件は　「=POISSON.DIST(10,4,0)=0.005」
11 件は　「=POISSON.DIST(11,4,0)=0.002」
12 件は　「=POISSON.DIST(12,4,0)=0.001」

13件以上はほぼ0なのでこれ以上は計算しません。5件から12件までの値を全部足すと0.371、約37%になります。

みずきは土田係長にこの数字を伝えました。

1日に5件以上の急な依頼が来る確率が37%か。思ったより少ないな。毎日お客さん対応で残業しているからもっと多いと思っていたよ。

もちろん、1日に6件も依頼が来る確率も10.4%もありますし、実際はないでしょうけれど10件来ることも確率としては0.5%あります。

そうか・・・それにしても「1日に約5件以上の急な依頼」というのが問題だな。これを何とかしなくちゃ。ありがとう。よく調べてくれたね。

みずきの ギモン

ポアソン分布、また新しい分布の登場ね。統計学にはいったいいくつの分布があるの？ 全部理解しなくちゃいけなのかしら。

部長の ヒトコト

統計学には100以上の確率分布があるが、頻繁に使われるのは正規分布とt分布、それに加えてポアソン分布、χ^2分布だ。ビジネスの現場ではこれらを知っていれば十分だろう。それぞれの背景にある数学的な理屈を知らなくても、どの確率分布が現実の事象を上手く説明できるかを知っておくことがまず重要だ。ただし高校数学の確率くらいは理解しておかないと間違った使い方をしてしまう可能性はある。

5·3　「働き方」を考え直す

水野係長、お客様から「急な依頼」がどのくらいあるのか、昨年度の記録を調べてみました。1係は1日平均約4件で、2係は約2.7件でした。どうしてこんなに差があるのでしょう？

うーん、そんなに大きな差だとは思えないけど、強いて言えば1係がお客様によく顔を出す営業スタイルだからでしょう。店舗数も多いしね。

はい。1係は「足で稼ぐ営業」という感じがします。

それに比べて2係のお客様は郊外型のスーパーが多いでしょ？　移動に時間がかかるから訪問の目的をしっかり決めておかないと効率が悪いの。

それでいつも2係の人は念入りに準備をするのですね。「頭を使う」営業スタイルという感じがします。

そんなことないって。頭なんて使っていないし、準備だって1係と変わらないと思うよ。ただ・・・

なんでしょうか？

ただ、ちょっとだけ「先回り」するように心がけていることは確かね。

先回りですか？

そう。営業日報をよく読むとわかるけど「今日中に見積書を出してくれ」とか「明日までに○○を20個調達できない？」とか、急な依頼をしてくるお客様は大体決まっている。スーパー○○のXX店長や○○チェーンのバイヤーのXXさん、その他何人かね。そういう人たちにはこちらから「そろそろ○○の見積書をお出ししておきますね」とか「昨日テレビでヨーグルト特集やっていましたから50個補充しておきますか？」というふうに先回りというか先手を打ってしまうわけ。やっていることはたいしたことじゃないけ

ど、意外と効果があるからメンバー全員に徹底させている。

でも、お客様によっては「余計なことするな！」なんて言う方もいるんじゃないでしょうか。

1人もいないわよ。だって、お客様からすれば面倒なスケジュール管理を代わりにやってくれているようなものでしょ？ むしろ感謝されているくらい。

確かに、いつも忙しいお客様にとってはありがたいことですね。

それとうっかり屋さんのお客様ね。

あ、わかりました！ 2係の方が「急な依頼」が少ない理由は、積極的に先手を打っているからだと思います。1係とどのくらい違うのか調べてみます。

そんなに違うとは思えないけど・・・

統計学を学ぶ

χ^2 検定

χ は「カイ」と読みます。χ^2 検定（カイじじょうけんてい）は「ある現象が偶然起きたとはとは考えにくい」ことを論理的に説明する手法です。

たとえば、コイン投げで表か裏かを当てるゲームで、3回連続裏が出たとします。その程度なら「たまたまそうなっただけ」といえるでしょう。しかし、5回連続して裏が出たとしたらさすがに偶然とは思えなくなってきます。いかさまコインではない限り裏（表）の出る確率は理論的には50%だからです。実際に裏が5回連続となると、その確率は3.125%になります。理論と実際の食い違いの大きさについて確率的に表した分布が χ^2 **分布**です。

χ^2 検定は、調査や**アンケート**で調べた値（**観測値**または**実測値**といいます）が、予想される値（**理論値**または**期待値**といいます）にどの程度一致しているかを、χ^2 分布を使って判定します。アンケート調査の結果が、サンプルの**属性変数**（性別・年齢・職業等）と回答の傾向に違いがあるかを確認するときなどに使われます。

（1） クロス集計表

ある旅行代理店が「次の連休で北海道と沖縄のどちらに旅行したいですか？」というアンケートを500人に対して行ったところ、次のような回答を得ました。

北海道と沖縄はほぼ同じくらいの支持を集めました。この結果に基づいて、北海道旅行と沖縄旅行それぞれの広告ポスターを作ることにしました。

表 5·3 旅行先別アンケート結果

観測値	北海道	沖縄	合計
男性	121	141	262
女性	135	103	238
合計	256	244	500

集計表を見ると男性は沖縄を、女性は北海道を好んでいるようです。とはいえ、この結果は偶然にそうなっただけで、実際には「性別による違いはない」のかもしれません。もしそうであれば、ポスターを作る際に性別を意識する必要はありません。しかし、もし男女による好みの違いがはっきりあるとすれば、北海道と沖縄とでポスターのイメージを変えるべきでしょう。

（2） χ^2 値

アンケートの結果が、性別による違いを示しているのかどうか χ^2 検定により検証します。

① 仮説を立てる

性別によって旅行地の好みに違いがあると考え、次のような仮説を作ります。

帰無仮説「性別と旅行地の好みには関係がない」
対立仮説「性別と旅行地の好みには関係がある」

② 理論値を求める

帰無仮説を前提とした場合、つまり「性別による違いがない」としたら「こうなるはず」という理論値を計算します。

500人のうち北海道を選んだ人が男女合わせて256人（51.2%）、沖縄を選んだ人が同じく244人（48.8%）です。この比率が男女の回答数にそのまま対応していれば「性別による違いがない」といえます。たとえば、男性の回答者は262人ですから

北海道を選ぶ男性は 262 人 × (51.2%) = 134.1(人)、同じように女性の回答者は 238 人ですから 238 人 × (51.2%) = 121.9(人) となるはずです。したがって理論値は次のようになります。

表 5·4 旅行先別アンケート結果（理論値）

理論値	北海道	沖縄	合計
男性	134.1	127.9	262.0
女性	121.9	116.1	238.0
合計	256.0	244.0	500.0

③ χ^2 値を求める

観測値と理論値の隔たりの大きさを次のような方法で計算します。

$$\text{隔たりの大きさ} = (観測値 - 理論値)^2 \div 理論値$$

こうして計算された数値の合計が χ^2 値です。

表 5·5 旅行先別アンケート結果（χ^2 値）

χ^2 値	北海道	沖縄
男性	1.2879	1.3512
女性	1.4178	1.4875

$$\chi^2 \text{値} = 1.2879 + 1.4178 + 1.3512 + 1.4875 = 5.5444$$

④ 自由度を求める

χ^2 分布の自由度はクロス集計表の行と列の数で決まります。

$$\text{自由度} = (行の数 - 1) \times (列の数 - 1)$$

このケースでは、$(2-1) \times (2-1) = 1$ が自由度となります。

⑤ χ^2 分布の信頼区間の境界値を求める

Excel の CHISQ.INV.RT(有意水準 , 自由度) 関数を使います。ここでは有意水準を 5% とします。自由度は 1 です。

```
=CHISQ.INV.RT(5%,1)=3.841
```

⑥ **結論を出す**

観測値と理論値のずれが発生する確率を χ^2 分布で確認します。曲線で囲まれた右下の面積は確率を表しています。境界線の左側の面積が 95%、右側が 5% となります。

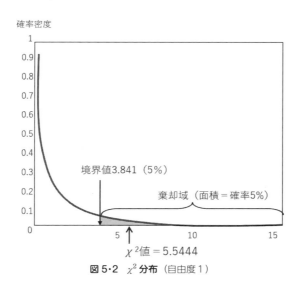

図5・2 χ^2 **分布**（自由度1）

このときの境界値は 3.841 で、χ^2 値がそれよりも大きくなる確率は 5% 以下です。χ^2 値は 5.5444 ですから境界値よりも大きく、グラフでいえば右側（棄却域）にあります。つまり「5% 以下の確率でしか起きないような非常に稀なことが起こった」ということです。そうなると、そもそも「性別と旅行地の好みには関係がない」という帰無仮説には無理があったと考える方が自然です。したがって、有意水準 5% で帰無仮説を棄却し、対立仮説を採用します。

結論：「性別と旅行地の好みには関係がある」と言うことができます。

広告のポスターは、北海道は女性向けに、沖縄は男性向けに作ると効果がありそうです。

統計学を使う

みずきは、営業1係と2係とでは仕事のやり方が違うと考え、χ^2 **検定**を実施することにしました。それが証明できれば、2係が先手策を積極的に打っているからだといえそうです。

はじめに営業課の仕事を次のように ① 〜 ⑫ に分けて、**重要度**と**緊急度**に応じて A、B、C、D の4つのグループに分類しました。

	B 緊急ではないが重要	A 緊急で重要
高↑重要度↓低	④ 提案書や企画書の作成 ⑤ 上司との面談、トレーニング ⑥ 顧客別の事前準備	① 受注に直結する商談 ② 事故、トラブル処理 ③ クレーム処理
	C 緊急でも重要でもない	**D** 緊急だが重要ではない
	⑦ 経費精算 ⑧ 業界動向や専門誌のチェック ⑨ 書類整理、その他	⑩ 納期が迫っている簡単な仕事 ⑪ 営業日報など報告書の作成 ⑫ アポなし来客への対応
	← 緊急度 →	高

図 5・5 重要度と緊急度で仕事を分類

次に、1係と2係の社員各10人に対してが午前、午後、残業時間の3回それぞれの時間帯に ① 〜 ⑫ のうちどの仕事をしているのかを調べてみました。

全員から聞き取った結果を基にして、A 〜 D の領域それぞれの件数を表にすると次のようになりました。これが観測値です。

表 5・5　旅行先別アンケート結果 (χ^2 値)

観測値	A	B	C	D	計
1係	10	4	8	8	30
2係	6	16	3	5	30
計	16	20	11	13	60

χ^2 検定の手順に従って次のように進めます。

① 仮説を立てる

1係と2係には仕事のやり方に違いがありそうなので、次のような仮説を立てます。

帰無仮説「1係と2係の仕事のやり方は異なっていない」
対立仮説「1係と2係の仕事のやり方は異なっている」

表5・6 係別仕事調査（理論値）

理論値	A	B	C	D	計
1係	8.0	10.0	5.5	6.5	30.0
2係	8.0	10.0	5.5	6.5	30.0
計	16.0	20.0	11.0	13.0	60.0

② 理論値を求める

帰無仮説「1係と2係の仕事の内容は異なっていないとしたら、こうなるはず」という理論値を計算します。

表5・7 係別仕事調査（χ^2値）

χ^2値	A	B	C	D
1係	0.5000	3.6000	1.1364	0.3462
2係	0.5000	3.6000	1.1364	0.3462

③ χ^2値を求める

観測値と理論値の隔たり値を計算します。

表中のすべての値を足してχ^2値を求めます。χ^2値 = 11.165 です。

④ 自由度を求める

自由度 = (行の数 − 1) × (列の数 − 1) なので、

$$(2-1) \times (4-1) = 3$$

となります。

⑤ χ^2 分布の信頼区間の境界値を求める

CHISQ.INV.RT（有意水準 , 自由度）関数を使って有意水準 5%、自由度 3 の値を求めます。

=CHISQ.INV.RT(5%,3)=7.815

⑥ 結論を出す

χ^2 値（11.165）が境界値（7.815）よりも大きいので「5% 以下の確率でしか起きないような非常に稀なことが起こった」ことになります。したがって、帰無仮説を棄却し、対立仮説を採用します。

結論：「1 係と 2 係の仕事の内容は異なっている」ということができます。

みずきの キヅキ

1 係と比べると 2 係の B 領域（緊急ではないが重要）の仕事の割合が非常に大きくなっている。内容を調べてみると、2 係は B 領域の仕事、つまり提案書や企画書の作成、上司との面談、トレーニング、顧客別の事前準備に多くの時間を費やしている。それが水野係長の言う「先手」策につながっているということね。2 係は、得意先が離れた場所にあることがプラスに働いて、結果的に効率的な仕事の仕方になったけど、どうやら「先手」が効率化の鍵のようね。

部長の ヒトコト

たしかに 1 係と 2 係の仕事の進め方を「営業スタイルの違い」で片付けてしまうのは間違いのようだ。すべての急な依頼に対して「先手」を打てるわけではないけれど、緊急度の高い D 領域の（緊急だが重要ではない）仕事の発生を 1 割でも抑えることができれば、急な用件に振り回されずに済む。だから「先手」策は 1 係にも十分有効なはずだ。

仕事のやり方を見直し「先手」を打つ、その結果として無駄な残業が減る。「働き方を変える」というのはそういうことだ。いいところに気がついたね！

06
マーケティングを活用できているか

火野部長、お呼びでしょうか。

おお、来たか。今日は良いニュースが2つある。1つ目はSマートの新店舗「S店」の新設が決まったそうだ。Sマートの店舗開発部長から電話があって、水野係長と君にお礼を言っていたよ。

そうですか！　うれしいです！

君たちが出した報告書に「大規模店舗では店舗面積以外の要因が売上に影響を与えていると思われる」とあっただろ？　Sマートの店舗開発部はその言葉どおり大規模店舗を徹底的に調査、分析したそうだ。その結果が新店舗に十分反映されているらしい。おかげで1年後はうちの売上もぐっと増えそうだ。ありがとう。で、もう1つのニュースだけど・・・

はい！

白井君は来月から本社へ戻ることになった。ということで、出向は今月末で終わりだ。いろいろと頑張って成果を出してくれたね。君には感謝しているよ。

えー！　それは残念です。営業の仕事が面白くなってきたので、もう少しここに居たい気がします。もちろん人事部に戻るのがイヤというわけではありませんけど。

君が戻るのは人事部じゃないよ。経営企画部市場開発課だ。

え、市場開発課ですか？ 聞いたことがないです。

そりゃそうだろう。今月できたばかりの新しい部署だからね。

・・・そこで何をするんでしょうか？

顧客向けの新しいサービスの開発だと聞いている。商品企画部ではなくて経営企画部にあるのが興味深いね。新しい職場でも頑張ってください。

はい、頑張ります！

　翌月、みずきは9か月ぶりに本社に戻りました。異動先の経営企画部での仕事は、全社の経営計画および経営戦略の立案です。出勤初日、みずきは経営企画部の部長に着任のあいさつに行きました。

6・1　売上に影響を与えているもの①

おはようございます。今日から経営企画部市場開発課でお世話になる白井みずきです。

知ってるよ。いまさら自己紹介なんていらないでしょ？

一応けじめですから。それにしても木下部長が人事部から経営企画部に移られるとは思いませんでした。

いろいろあってね。経営企画部長兼市場開発課長が今の肩書きだよ。

よろしくお願いします。それで、市場開発課の他メンバーの方々は？

うん、今のところ君だけだ。

えー！

そのうち何人か来る予定だから安心して。それよりも、さっそく頼みたい仕事があるんだ。南支店の重点顧客のＳマートさんに関する調査で、君と営業２係の水野係長が対応してくれた件だ。

わかりました。その件ならよく知っています。

新店舗（Ｓ店）は店舗面積から考えると目標値の年間売上 50 億円に届かないということだったよね。でもＳマートさんはオープンした。おそらく店舗面積以外の要因も調べた上で判断したのだと思う。

はい。水野係長も「大規模店舗では店舗面積以外の要因が売上に影響します」とプレゼンの場でお伝えしました。

ということは、Ｓマートさんは店舗面積以外の要因もいろいろと検討したわけだ。何について検討したかは当然社外秘だから我々が知ることはできない。そこで、いくつかの要因を想定して複数の説明変数から成る回帰分析を行ってほしい。単回帰式は目的変数に対して説明変数が１つだけだが、今度は２つ以上になるね。それを**重回帰分析**と言うんだが、基本的な考え方は単回帰分析と変わらない。

難しそうですね。でも、なぜＳマートさんの件を分析するんですか？

お客様の店舗開発のお役に立てるような、汎用性のある回帰式を作って全社の営業部に使ってもらいたいと考えているからだよ。Ｓマートさんの件はとても良い事例だと思っている。

責任重大ですね。あれから統計学の本を何冊か読みましたけど、数式を使った説明はいまだにわからないことがほとんどです。

数学は積み重ねが必要な学問だから焦らないでじっくり勉強してくれ。今はExcelがちゃんと使えればいい。

Excelも得意じゃありませんけど頑張ります。

統計学を学ぶ

● 重回帰分析

4章で学んだ回帰分析は、「年間売上」という目的変数に対して「店舗面積」という1つの説明変数があるだけの単回帰分析でした。しかし、ビジネスに限らず日常生活の中でも、説明変数が1つで済むことはそう多くありません。大抵は複数の説明変数が原因となって目的変数に影響を与えています。1つの目的変数に対して2つ以上の説明変数がある回帰分析を重回帰分析といいます。

例として、自分の体重を気にする人がその原因を探るため回帰分析を行うとします。単回帰分析では1つの説明変数、たとえば「食事の量」が体重という目的変数にどのような影響を与えているかを調べます。2つの変数には正の相関があると十分に推測できます。

一方、重回帰分析では「食事の量」、「運動の量」、「間食の量」という3つの説明変数が体重（目的変数）にどのような影響を与えているかを調べます。「食事の量」と「間食の量」は数値が大きくなるにしたがって「体重」も増加しますから正の相関があります。一方、「運動の量」は運動をすればするほど「体重」を減らしますから負の相関となります。

また、重回帰分析を含め、複数の変数同士の関連を分析する手法を**多変量解析**といいます。扱う変数が量的か質的か、目的は何かによって手法が異なります。

表6・1　多変量解析

データを予測する		目的変数	
		量的	質的
説明変数	量的	重回帰分析	判別分析 ロジスティック回帰分析
	質的	数量化Ⅰ類（分散分析） コンジョイント分析	数量化Ⅱ類
データを要約する	量的	主成分分析　因子分析　クラスター分析	
	質的	数量化Ⅲ類　コレスポンデンス分析　多次元尺度構成法（MDS）	

重回帰分析の回帰式は次のようになります。y が目的変数、x が説明変数です。単回帰分析の場合と基本的には同じ構造をしています。

単回帰式　$y = ax + b$

重回帰式　$y = a_1 x_1 + a_2 x_2 + a_3 x_3 + \cdots + a_n x_n + b$

重回帰分析の統計処理は複雑になるので、Excel を使って計算をします。Excel のメニューの「**データ**」から「**データ分析**」を選びます。もし「データ分析」がない場合は「オプション」の「アドイン」から「**分析ツール**」を追加してください。

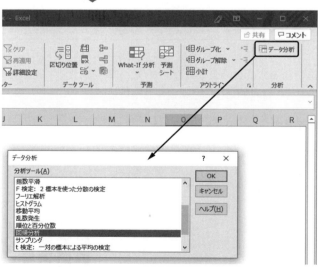

では1つの事例で「データ分析」を使って重回帰分析を行ってみましょう。
健康食品を作っているあるメーカーが販売代理店10社と契約して商品を売っています。昨年度の10社の代理店の販売促進費（販促費）と販売員の人数、売上高は次のとおりでした。

表6・2　代理店別各費用と売上高

代理店	販促費 (百万円)	販売員数 (人)	教育費 (百万円)	売上高 (百万円)
A	8	8	1	95
B	9	8	1	90
C	10	10	1	120
D	10	12	1	125
E	11	9	1	115
F	12	11	1	135
G	17	18	2	205
H	20	21	2	250
I	22	18	2	220
J	30	32	3	350

ここでは販促費と販売員数の2つの変数を説明変数とし、売上高を目的変数とします。データ分析から「回帰分析」を選び、OKを押します。

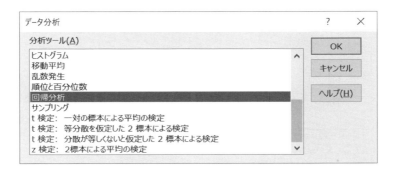

次ページに示すパネルが出てきたら、入力元の「入力Y範囲（Y）：」には目的変数となる売上高の列を選びます。その際、一番上の「売上高（百万円）」のセルを含めておきます。同様に「入力Y範囲（Y）：」は販促費と販売員数の2つの列を選びます。

パネルにある「ラベル」欄にチェックを入れておくと、出力結果に一番上のセルの値がラベルとして表示されます。

出力オプションでは結果を表示する場所を指定し、OKを押します。

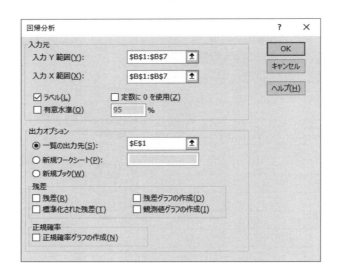

次のような結果が出力されました。

表6・3　回帰分析結果 ①

回帰統計

重相関 R	0.997130925
重決定 R2	0.994270081
補正 R2	0.992632961
標準誤差	7.199531732
観測数	10

分散分析表

	自由度	変動	分散	観測された分散比	有意 F
回帰	2	62959.6672	31479.8336	607.328872	1.42403E−08
残差	7	362.8328001	51.83325716		
合計	9	63322.5			

	係数	標準誤差	t	P-値	下限 95%	上限 95%	下限 95.0%	上限 95.0%
切片	4.310057032	5.557046688	0.775602091	0.463376663	−8.830270335	17.4503844	−8.830270335	17.4503844
販促費	3.872791765	1.377175099	2.812127353	0.026066178	0.616290128	7.129293402	0.616290128	7.129293402
販売員数	7.379955488	1.291809878	5.712880522	0.000725631	4.325310523	10.43460045	4.325310523	10.43460045

表6·4　回帰分析結果②

回帰統計	
重相関 R	0.997130925
重決定 R2	0.994270081
補正 R2	0.992632961 ← ①
標準誤差	7.199531732
観測数	10 ← ②

分散分析表

	自由度
回帰	2 ← ③
残差	7
合計	9

	係数
切片	4.310057032
販促費	3.872791765 ← ④
販売員数	7.379955488

表 6·4 において、

① **補正 R2** は**自由度調整済み決定係数**といいます。ここではすでに学習済みの決定係数（出力結果では重決定 R2 と表示）でこの式のあてはまりの良さを判断してもよいのですが、重回帰分析では説明変数を増やすと決定係数（重決定 R2）が大きくなるので、その影響を調整した補正 R2 を使います。決定係数は 1 に近いほど回帰式の当てはまりが良いといえます。
② 観測数はデータ数を表しています。
③ 説明変数の数を表しています。
④ 重回帰式を構成する係数を表しています。

回帰式 $y = a_1 x_1 + a_2 x_2 + b$ に当てはめると、販促費の係数は a_1、値は x_1、販売員の人数の係数は a_2、人数は x_2 です。b は切片（定数）で、説明変数の変動に影響されない値です。

したがって重回帰式は次のようになります。

$$売上高 = 3.87 \times (販促費) + 7.38 \times (販売員数) + 4.31$$

係数の値は説明変数が目的変数に与える影響の大きさと考えてください。販促費の係数は3.87です。これは販促費を100万円増やすと売上が387万円増えるという意味です。販売員の係数は7.38ですから、販売員を1人増やすと売上が738万円増えるということです。また、切片の値は販促費と販売員がゼロでも431万円の売上があることを示しています。そんなことは実際にはあり得ませんが、回帰式を当てはめると計算上そうなるということです。

表6・5 回帰分析結果③

	係数	標準誤差	t	P-値
切片	4.310057032	5.557046688	0.775602091	0.463376663
販促費	3.872791765	1.377175099	2.812127353	0.026066178
販売員数	7.379955488	1.291809878	5.712880522	0.000725631

ここで注意しなければならないのは、**p値**（出力結果ではP−値）です。p値は説明変数の**有意確率（危険率）**を表しています。有意確率が5%（0.05）未満であれば、その説明変数は目的変数に対して関連性があるということができます。逆に言えば、p値が5%以上の場合はその説明変数と目的変数の間には関連がないと判断し、説明変数から除外します（厳密に言えば5%以上であっても関連が全くないということではありません）。5%以上のp値が複数あった場合は、最も大きな値を示す説明変数を1つ除外して、再度、重回帰分析を行います。その結果、まだ5%以上のp値があれば同様の作業を繰り返します。

今回の出力結果を見ると、2つの説明変数のp値はいずれも0.05未満ですから、この回帰式は有効であると判断できます。

次の表は重回帰式を使って計算した売上高と、販促費のみ、販売員数のみを説明変数とした単回帰式による売上高を一覧にしたものです。

- **重回帰式**（販促費と販売員）

    売上高 = $3.87 \times$（販促費）$+ 7.38 \times$（販売員数）$+ 4.31$
- **単回帰式**（販促費のみ）

    売上高 = $11.5 \times$（販促費）$- 0.92$
- **単回帰式**（販売員数のみ）

    売上高 = $10.9 \times$（販売員数）$+ 10.2$

表6・6　代理店別各費用と売上高（重回帰分析①）

代理店	販促費 (百万円)	販売員数 (人)	売上高 (百万円)	売上高 (重回帰式)	販促費のみ	販売員数のみ
A	8	8	95	94	91	97
B	9	8	90	98	103	97
C	10	10	120	117	114	119
D	10	12	125	132	114	141
E	11	9	115	113	126	108
F	12	11	135	132	137	130
G	17	18	205	203	195	206
H	20	21	250	237	229	239
I	22	18	220	222	252	206
J	30	32	350	357	344	359

　上記の式にそれぞれの値を代入して計算してみると単回帰式よりも重回帰式の精度の良さが明らかになります。

　ただし、説明変数の数が多くなるときに注意しなければならないことがあります。それは多重共線性（マルチコ）と疑似相関です。

（１）　多重共線性

　重回帰分析では説明変数同士は独立である（お互いに影響を与え合わない）ことが必要です。なぜなら、説明変数間に高い相関関係があると重回帰式の精度が低下してしまうからです。この現象を**多重共線性**（multicollinearity、通称**マルチコ**）といいます。先ほどの説明変数に教育費（セールス・トレーニング）という説明変数を追加します。販売員1人当たりに10万円前後かかるとします。

　重回帰分析を行った結果を見ると、それほど大きくずれているようには見えません。

表6・7　代理店別各費用と売上高（重回帰分析②）

代理店	販促費(百万円)	販売員数(人)	教育費(百万円)	売上高(百万円)	↔	売上高(重回帰式)
A	8	8	1	95		94
B	9	8	1	90		98
C	10	10	1	120		117
D	10	12	1	125		132
E	11	9	1	115		113
F	12	11	1	135		132
G	17	18	2	205		203
H	20	21	2	250		237
I	22	18	2	220		222
J	30	32	3	350		357

ところが、「データ分析」による出力結果は次のようになっています。

教育費の係数がマイナスになっています。これは「セールス・トレーニングをしない方が、売上高が大きくなる」というおかしな結果を示しています。

表6・8　回帰分析結果④

	係数	標準誤差	t	P-値
切片	4.569250551	6.326442619	0.722246423	0.497314639
販促費	3.992468773	1.754882287	2.275063577	0.063226662
販売員数	7.501836885	1.687299408	4.446061468	0.00434747
教育費	−2.556024982	19.95468316	−0.128091484	0.902262043

販売員1人にかかる教育費はほぼ同じなので、「販売員数」と「教育費」の間には強い正の相関関係があります（相関係数は0.98）。このように説明変数同士の相関係数が高い（0.7以上が目安）場合は、マルチコが生じる可能性があるのでどちらか一方を採用し、他方は除外する必要があります。

（2）　疑似相関

疑似相関とは2つの変数の間に因果関係がないのに、背後に隠れている要因によってあるように見える関係を言います。たとえば、次のような調査結果が明らか

になったとします。

「全国の中学生からランダムに選んだ1万人を対象に数学のテストを実施したところ、体重と数学の能力には非常に強い正の相関関係があることがわかった」

この調査結果から、中学生の体重を増やせば数学の成績が良くなると結論付けてよいのでしょうか。

この結論はすぐにおかしいとわかるはずです。「中学生」とありますが、同学年とは言っていません。1年生から3年生までをランダム選んでいるので、学年（年齢）による体重や成績の違いはかなり大きくなります。

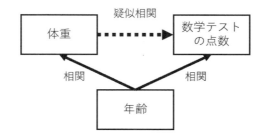

「体重」と「数学テストの点数」の背後には「年齢」という要因が隠れているのです。したがって、この2つの変数の間には何の因果関係もありません。これを疑似相関といいます。疑似相関は、単回帰分析でも起こりうることですが、説明変数が多くなるとより生じやすくなります。疑似相関を避けるためには説明変数の妥当性をよく見極める必要があります。

  統計学を使う

みずきはSマートの新店舗（S）の事例で、店舗面積以外に売上に影響を与えそうな要因をいくつか考えてみました。

- 駐車場の広さ
- 従業員数（パート、アルバイト含む）
- 店舗のある地域の人口
- 地域住民の所得
- 最寄り駅からの距離
- 国道（幹線道路）からの距離
- 近隣のレジャー施設からの距離

この一覧を木下部長に見せて意見を聞きました。木下部長の意見は次のとおりです。

- ✓ 駐車場の広さは店舗面積と比例している（相関がかなり強い）ため除外する
- ✓ 人口や所得はどこまでを「地域」に含めるかあいまいなので除外する
- ✓ Ｓマートは全店舗が郊外に展開しているので駅の影響はないと考え除外する
- ✓ レジャー施設はスーパーの売上にはあまり影響しないと考え除外する

その結果、残った「従業員数」、「国道からの距離」を当初の「店舗面積」に加えて3つの説明変数で重回帰分析を行うことにしました。従業員数はＳマートの店舗管理部長が教えてくれました。国道からの距離は地図で確認しました。

対象は、Ｓマート全店の店舗面積平均（2,057 m²）と売上高の平均（2,773百万円）を両方とも上回る「大規模店」グループの8店舗としました。

表6・9　Ｓマート大規模店

店舗	店舗面積 (m²)	従業員数 (人)	国道からの距離 (m)	年間売上 (百万円)
C	2,853	70	20	4,197
I	2,749	65	40	3,352
R	2,697	65	60	3,221
N	2,646	65	20	3,556
H	2,598	60	0	3,884
B	2,438	60	0	3,777
K	2,231	60	20	3,359
O	2,218	60	40	2,873

従業員数はバックヤードや倉庫、事務などで働くすべての正社員、パート、アルバイトを対象としています。国道からの距離は、商業地域では1ブロックおおよそ20mとなっています。「0m」は国道に面していることを意味しています。

この3つの説明変数を使ってExcelで「データ分析／回帰分析」を行いました（表 6・10）。

表 6・10　回帰分析結果 ⑤

回帰統計

重相関 R	0.962707444
重決定 R2	0.926805623
補正 R2	0.871909841
標準誤差	149.3859295
観測数	8

分散分析表

	自由度	変動	分散	観測された分散比	有意 F
回帰	3	1130291.135	376763.7117	16.8830023	0.009796608
残差	4	89264.62367	22316.15592		
合計	7	1219555.759			

	係数	標準誤差	t	P-値	下限 95%	上限 95%	下限 95.0%	上限 95.0%
切片	−437.0867169	1086.717932	−0.402208065	0.708096682	−3454.299401	2580.125967	−3454.299401	2580.125967
店舗面積	0.565824819	0.457188125	1.237619238	0.283539828	−0.703532913	1.835182551	−0.703532913	1.835182551
従業員数	46.72621404	30.39264867	1.537418293	0.199007935	−37.65730659	131.1097347	−37.65730659	131.1097347
国道からの距離	−17.20940982	3.003266484	−5.730230705	0.004592591	−25.54781435	−8.871005291	−25.54781435	−8.871005291

補正 R2（自由度調整済み決定係数）は 0.8719 ですから、この重回帰式は十分に当てはまっているといえます。

3つの説明変数の p 値を見ると 5% 未満は「国道からの距離」だけです。「店舗面積」と「従業員数」の2つは 5% よりも大きな値になっています。2つの変数のうち、より値が大きい「店舗面積」を説明変数から除外し、再度、重回帰分析を行います（表 6・11）。

表6・11　回帰分析結果⑥

回帰統計

重相関 R	0.94803884
重決定 R2	0.898777641
補正 R2	0.858288698
標準誤差	157.1281709
観測数	8

分散分析表

	自由度	変動	分散	観測された分散比	有意 F
回帰	2	1096109.448	548054.7241	22.19810062	0.003259801
残差	5	123446.3105	24689.26209		
合計	7	1219555.759			

	係数	標準誤差	t	P-値	下限 95%	上限 95%	下限 95.0%	上限 95.0%
切片	−982.6568455	1044.772827	−0.940545944	0.390120408	−3668.330898	1703.017207	−3668.330898	1703.017207
従業員数	78.67067427	16.87827305	4.661061831	0.005526811	35.28369216	122.0576564	35.28369216	122.0576564
国道からの距離	−18.24834359	3.033005786	−6.016587136	0.001823464	−26.04493317	−10.45175401	−26.04493317	−10.45175401

「従業員数」と「国道からの距離」を説明変数として重回帰分析を行った結果、2つとも p 値が5％未満になっており、目的変数である「年間売上」を十分に説明できるといえるようになりました。補正 R2（自由度調整済み決定係数）も 0.87 → 0.86 とほぼ変化していないので、この式は十分使えると言ってよいでしょう。

この結果から次の重回帰式が導かれます。

$$年間売上 = 78.67 \times 従業員数 + (-18.25 \times 国道からの距離) + (-982.66)$$

つまり、年間売上は従業員を1人増やすと 7,867 万円増加し、国道から1m 離れる毎に 1,825 万円減少するということです。

なお、Sマートの大規模店舗8店の平均店舗面積は 2,554 m^2、平均従業員数は 63 人ですから約 40 m^2 に1人の従業員がいることになります。S店の店舗面積は 3,600 m^2 なので 3,600 ÷ 40 = 90、約 90 人の従業員が勤務すると仮定します。

もしS店が国道から3ブロック（60 m）奥にあったとしても

$$78.67 \times 90 + (-18.25 \times 60) + (-982.66) = 5{,}002.8$$

50 億円以上の売上が見込めることになります。

みずきの **ギモン**

「店舗面積」を説明変数から除外した方が式の当てはまりが良いのはわかるけど、スーパーの売上に店舗面積が影響しないなんてちょっと納得できないな。それに、従業員を1人増やすと売上が7,867万円も増えるなら、追加であと100人雇えば78億円も増えるってこと？ なんか変だなあ。

部長の **ヒトコト**

私も店舗面積が売上に影響しないとは思わない。ただ、店舗がある程度大きくなってしまうと「広さ」は集客にそれほど影響しないのだろう。一方で、ショッピングモールのようにスーパー以外の店舗もたくさん入る施設では、駐車場も含めた面積が影響してくる可能性はあるね。

従業員数と売上の関係は、計算上はそうなるけれど実際に100人雇ったからといって78億円も増えないよ。4章4・3節で出てきた「外挿」についてもう一度確かめてしてほしい。

6・2 売上に影響を与えているもの②

Sマートさんに先日の分析結果を見てもらったところ、「いい線行っている」と言われたよ。

では、あの分析が正解だったということですね。

いや、そうでもないようだ。

ということは、説明変数が他にも必要ということですか？

そう。はっきりとは教えてくれなかったけれど、すでに我々が持っているデータにそれがあることは確かだと思う。

え？　説明変数は店舗面積、従業員数、国道からの距離の3つですよね。全部使いましたよ。

もう1つあるじゃないか。4章にあるSマートさんの表（**p.103**）を見てごらん。

そんなはずはありません。説明変数は店舗面積の1つだけです。売上は目的変数だし。あとは備考欄があるだけです。

それだよ。備考欄に書いてある「フードコート」だよ。

でもこれ、数値じゃないです。

だから数値にしなくちゃいけないんだよ。

？？

 統計学を学ぶ

● 質的データとダミー変数

　木下部長が「フードコートも数値に」といいましたが、どういう意味なのでしょう。4章4・1節にあるように、統計学で扱うデータには量的データと質的データがあります。量的データは身長、体重などの**比例尺度**と、温度や西暦のような**間隔尺度**です。一方、質的データは金・銀・銅（1位、2位、3位）などの**順序尺度**と、性別、格付け、天候といった「状態」を表わす**名義尺度**です。

　では、フードコートの「ある、なし」という質的データを説明変数として扱い、

1つの (量的) 目的変数である売上金額を予測するにはどうすればよいでしょうか。それは「状態」を数値 (変数) に置き換えることで可能になります。具体的にはフードコートが「ある」状態を1、「ない」状態を0とします。こうして作られた数値 (1、0) を**ダミー変数**といいます。

たとえば、天候を「晴れ、曇り、雨、雪」という4つの状態に分けるときは「晴」、「曇」、「雨」という3つのダミー変数を作ります。晴れは「晴れ＝1、曇り＝0、雨＝0」、曇りは「晴＝0、曇＝1、雨＝0」、雨は「晴＝0、曇＝0、雨＝1」です。雪は他の3つと異なることがわかればよいので「晴＝0、曇＝0、雨＝0」となります。

このようにダミー変数を使うことで、説明変数に質的データと量的データを混在させて重回帰分析を行うことができます。また、(量的) 目的変数に対して説明変数が全て質的であるときの手法を**数量化Ⅰ類**といいますが、重回帰分析とほとんど同じものと考えてください。

統計学を使う

みずきはSマートの備考欄に「フードコート」がある場合は1、ない場合を0としました。店舗C、I、Rの3店舗にダミー変数1が、他には0が入りました（表6・12）。

表6・12　Sマート大規模店（ダミー変数）

店舗	店舗面積 (m^2)	従業員数 (人)	国道からの距離 (m)	フードコート	年間売上 (百万円)
C	2853	70	20	1	4197
I	2749	65	40	1	3352
R	2697	65	60	1	3221
N	2646	65	20	0	3556
H	2598	60	0	0	3884
B	2438	60	0	0	3777
K	2231	60	20	0	3359
O	2218	60	40	0	2873

この表を使って回帰分析を実行したところ、次のような出力結果を得ました。

表6·13　回帰分析結果 ⑦

回帰統計

重相関 R	0.976863653
重決定 R2	0.954262597
補正 R2	0.893279393
標準誤差	136.3565339
観測数	8

分散分析表

	自由度	変動	分散	観測された分散比	有意 F
回帰	4	1163776.446	290944.1114	15.64795778	0.023782777
残差	3	55779.31297	18593.10432		
合計	7	1219555.759			

	係数	標準誤差	t	P-値	下限 95%	上限 95%	下限 95.0%	上限 95.0%
切片	1041.273454	1482.39186	0.702427935	0.533009485	−3676.359045	5758.905952	−3676.359045	5758.905952
店舗面積	0.200539775	0.498236759	0.402498956	0.714280523	−1.385071959	1.786151509	−1.385071959	1.786151509
従業員数	37.66400472	28.55185065	1.319144079	0.278770149	−53.20072688	128.5287363	−53.20072688	128.5287363
国道からの距離	−20.97230212	3.921351274	−5.348233468	0.012785338	−33.45179199	−8.492812247	−33.45179199	−8.492812247
フードコート	321.5864804	239.6329693	1.341995975	0.272126429	−441.0325774	1084.205538	−441.0325774	1084.205538

　p値の中で最も高い値を示しているのは「店舗面積」ですから、これを削除してもう一度計算をしてみます（表6·14）。

表6·14　回帰分析結果 ⑧

回帰統計

重相関 R	0.975598634
重決定 R2	0.951792695
補正 R2	0.915637216
標準誤差	121.2347892
観測数	8

分散分析表

	自由度	変動	分散	観測された分散比	有意 F
回帰	3	1160764.262	386921.4208	26.32499216	0.004286731
残差	4	58791.49645	14697.87411		
合計	7	1219555.759			

	係数	標準誤差	t	P-値	下限 95%	上限 95%	下限 95.0%	上限 95.0%
切片	1147.859408	1296.796732	0.885149831	0.426078284	−2452.62553	4748.344346	−2452.62553	4748.344346
従業員数	44.12176205	20.99848145	2.101188229	0.103514355	−14.179369	102.4228931	−14.179369	102.4228931
国道からの距離	−21.84718862	2.90183684	−7.528744662	0.001666605	−29.90397931	−13.79039793	−29.90397931	−13.79039793
フードコート	374.2798824	178.4527778	2.097360921	0.103962593	−121.1844591	869.7442239	−121.1844591	869.7442239

従業員数とフードコートの p 値が 0.05（5%）よりも大きいですが、補正 R2（自由度調整済み決定係数）は 0.92 と当てはまりは良くなっています。

フードコートの係数は 374.28 となっていますので、フードコートを併設することで年間 3 億 7 千 428 万円の売上が確保できる計算です。

みずきが南支店営業課の水野係長に確認したところ、Ｓマートの新店舗は店舗面積が 3,600 m^2 で国道に面しており、フードコートも併設されるとのことです。したがって、従業員数を 90 人と仮定すると次のようになります。

$$44.12 \times 90 + (-21.85 \times 0) + 374.28 \times 1 + 1147.86 = 5{,}492.94$$

50 億円を十分に上回る売上が見込めるという結果になりました。

みずきの キヅキ

Ｓマートが実際にどんな調査を行って、どんな議論を経て新店舗の開店を決めたのかはわからないけど、今回使った重回帰分析はいろいろと役に立ちそう。分析結果を営業部で共有すれば営業活動の助けになると思う。

部長の ヒトコト

それは良い考えだね。他の支店でも同じようなケースがあるはずだから、現場から情報が上がってくるのを待つのではなく、積極的に集めに行ってほしい。それらを集約して分析を加え、社内のネットワークで共有してみよう。

6・3 売れる商品を知るには

 先週行ってもらった「スーパー＆コンビニ食材展」はどうだった？

 はい、とても楽しかったです。でも、すごく人が多くて大変でした。おかげで10種類くらいしか試食ができなくて・・・

 君、何しに行ったの？

 はい、わかっています。OMフーズが企画してCB食品さんが製造した新製品のお弁当「コンビネーション・ボックスランチ（愛称：CBランチ）」のテストマーケティングですね。結論から言いますと大人気でした。展示会場に隣接しているフードコートで食品メーカーや商社が新製品のお弁当を売っていましたけど、CBランチが断トツの一番人気でした。「1個500円で10種類から選べる」というのがうけていたようです。

 大人気とはすごいな！　そういえば今回はうちの商品企画部がすごく頑張ってくれた。連日のようにたくさんのお弁当を試作しては朝から晩まで試食していたからね。はたで見ていてちょっとかわいそうだったよ。

朝から晩まで・・・ですか。それは太りそうですね。

フードコートにはCBランチ10種類を50個ずつ、計500個用意したというけど、1日で完売したらしいね。No.1〜No.10のうちどれが人気あった？

販売記録のデータによると「No.2」が一番早く売り切れていました。

そうか「No.2」か。

そういえば、CB食品さんからいただいたデータを見ると「No.2」の完売と同じタイミングで他の9種類の販売個数を集計していますね。それはどうしてですか？

「500個全部売り切れました」と結果だけ言われても何もわからないからだよ。1種類のランチが完売した時点で他の9つがどのくらい売れ残っているかを調べる。そのデータを分析することで、どんな特徴がお客様にうけたのかを推測できるわけだ。

なるほど。10種類のランチの特徴を書いた大きなパネルが店頭に置いてあったのもそれが目的だったんですね。たしかにお客さんはランチを買うときにちらっとパネルを見ていました。でも、わざわざそんなことをしなくてもホームページで好みの味を聞くアンケートを実施した方が早いじゃないですか。その方が面倒じゃないし、たくさんデータも集まりますよね。

いや、お弁当の評価はお客さんがお金を払う瞬間に決まるんだよ。

あ、それもそうですね。

では、販売記録のデータを分析して結果を報告してくれ。ついでに商品企画部に行っていろいろと聞いてみるといいよ。

はい。それぞれのランチの説明変数である「特徴」が目的変数である「販売個数」にどの程度影響を与えているか重回帰分析を行って調べてみます。

おお、すばらしい！　だいぶ勉強したね。

はい！　・・・といいたいところですが、実はCB食品さんからデータをもらったときに、あちらのマーケティング担当の方から教わりました。

でも、そうやって誰からでも教わろうとする姿勢はとても大事だ。上司だけじゃなくてお客様や取引先、自分の後輩からだって教えてもらえることはあるからね。

統計学を学ぶ

順序尺度と間隔尺度

　重回帰分析では、**名義尺度**（フードコートのある、なし）もダミー変数（1、0）にすることで説明変数として扱うことができました。では、質的データである順序尺度を説明変数として扱うにはどのようにすればよいのでしょうか。

　順序尺度は、メダルの「金、銀、銅」、企業の格付け「AA、A、B・・・」のように序列を表す尺度です。順序尺度は最頻値や中央値には意味がありますが、差や比、平均に意味はありません。たとえば、100m走で1位だったとしても「1位は2位より2倍速かった」というわけではありません。また、「2位は1位と3位の平均である」ということもできません。

　とはいえ、順序尺度をダミー変数（0か1か）にしてしまうと、肝心の「順序」という情報が失われてしまいます。さらに、順序尺度を量的データとして扱う方法を考えます。**アンケート**調査などでデータを得る場合、ある条件が満たされていれば**間隔尺度**（量的データ）として扱うことができます。

　たとえば、新商品のハンバーガーをモニター100人に試食してもらい、今までの商品と比べてどう感じたかを5段階で評価してもらうとします。評価点を「とてもおいしい：5点、まあまあおいしい：4点、どちらともいえない：3点、あまりおいしくない：2点、全然おいしくない：1点」といったようにデータを得点化します。もし、この5段階それぞれの幅が「等間隔」であれば、間隔尺度として扱うことができます。「新ハンバーガーの味の評価は平均3.5点」といえるわけです。ただし、人によっては好き嫌いが激しく「おいしいか、まずいか」の両極端で判断する人もいるでしょうし、「どちらともいえない」というあいまいな判断をしがちな人

もいるでしょう。同じ点数でも評価にはぶれが生じます。

そこで次の2つの条件を前提にすることで、アンケート調査のような評価結果を量的データとして扱うことにします。

- データの数が十分に大きいこと
- データの散らばりが正規分布の形をしていると推測できること

これにより、平均値や標準偏差を計算することができます。次ページ以降の事例で登場する数値はアンケート結果によるものではありませんが、それに準ずるものとして扱うこととします。

統計学を使う

OMフーズの商品企画部は「味付け、彩（いろど）り、量、洋風」という4つの特徴を組み合わせ、試行錯誤の末「ランチとして買ってくれそうな」10種類のパターンを考えました。次にそのパターンを実現する具材を調理し、メンバーが試食を繰り返して試作品を作りました。そしてCB食品の開発部門と共同で、商品化を前提としたCBランチNo.1〜No.10を作り「スーパー＆コンビニ食材展」で実証テストを行ったのです。

表6・15は10種類のランチそれぞれの特徴を記したものです。
たとえばNo.8は、「味付けはやや薄味で彩りは華やか、量はふつうで洋食らしいイメージを与えるお弁当」となります。販売個数は13時30分にNo.2が売り切れた時点の値です。

「4つの特徴」
- 味付け：4＝やや濃いめ、3＝ふつう、2＝やや薄味、1＝薄味
- 彩り　：4＝華やか、　　3＝ふつう、2＝やや地味、1＝地味
- 量　　：4＝大盛り、　　3＝ふつう、2＝やや少なめ、1＝少なめ
- 洋風　：1＝洋風、　　　0＝和風

表6・15 CBランチの種類

No.	味付	彩り	量	洋風	販売個数
1	4	3	3	0	44
2	4	4	2	0	50
3	3	3	2	1	42
4	3	4	3	1	30
5	1	2	3	0	28
6	3	4	1	0	48
7	2	2	4	1	22
8	2	4	3	1	46
9	1	3	4	0	34
10	2	1	1	1	32

　みずきは「4つの特徴」を説明変数として、重回帰分析を行いました。

　補正R2（自由度調整済み決定係数）は0.5408ですから、そう高くはありませんがこの出力結果は使えるレベルにあるといえます（**p.040**参照）。この結果から知りたいのはどの特徴（説明変数）が販売個数（目的変数）に影響を与えているかです。そのため今回は「t値」を使って判断します。t値は説明変数が目的変数に与えている影響度を数値にしたものです。t値は前出のp値とは裏返しの関係にあります。

　t値で影響度を判断するときは、t値が絶対値で1以上なら「影響あり」、2以上であれば「強い影響あり」とします。また、0の場合は「影響していない」と考えます。

表 6・16　回帰分析結果 ⑨

回帰統計

重相関 R	0.863060475
重決定 R2	0.744873383
補正 R2	0.540772089
標準誤差	6.509333958
観測数	10

分散分析表

	自由度	変動	分散	観測された分散比	有意 F
回帰	4	618.5428571	154.6357143	3.649527984	0.094099409
残差	5	211.8571429	42.37142857		
合計	9	830.4			

	係数	標準誤差	t	P-値	下限 95%	上限 95%	下限 95.0%	上限 95.0%
切片	31.0952381	10.36541542	2.999902739	0.030102612	4.450089509	57.74038668	4.450089509	57.74038668
味付	1.619047619	2.560758285	0.6322532	0.555000235	-4.963591113	8.201686351	-4.963591113	8.201686351
彩り	4.773809524	2.460296979	1.940338733	0.110023103	-1.5505852	11.09820425	-1.5505852	11.09820425
量	-3.761904762	2.245933589	-1.674984862	0.154789004	-9.53526085	2.011451327	-9.53526085	2.011451327
洋風	-4.166666667	4.201757002	-0.991648652	0.366902048	-14.96762689	6.634293561	-14.96762689	6.634293561

　今回の結果から「彩り」が販売個数に一番効いていることがわかりました。彩りは華やかな方が売れるようです。一方で「量」が多いと逆に売れなくなるようです。「味付け」はやや濃いめ、「洋風」より和風が良いようですが、影響としては大きくありません。

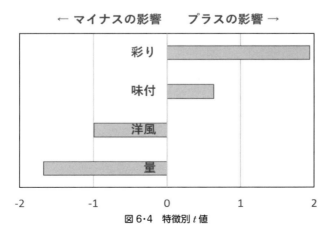

図 6・4　特徴別 t 値

みずきは商品企画部の助けを借りて報告書をまとめ、木下部長に渡しました。部長は一読して次のようにコメントしました。
　「簡潔にわかりやすく書けているね。うちの商品企画部とCB食品さんはこの分析結果を参考にしてCBランチの商品化について話し合うだろう。それに、これからの商品開発にも役に立つと思う。ただし、このデータは展示会場に隣接したフードコートで得たものであることを必ず付記しておく必要がある。展示会に来るのは食品業界や流通業界の人間がほとんどで、しかも男性の比率がかなり高い。だから日常的にスーパーを利用する購買層とズレがあるよね。また、買った人が消費者としてそのランチを買ったのか、あるいは業界の人間として興味があったからそれを選んだのかはわからない。おそらく両方の考えが頭の中にあったと思うけど。」

みずきの キヅキ

　こうしてみると、重回帰分析はとても便利な道具だということがよくわかる。ただし、分析結果はあくまでも「ひとつの事実」を見せてくれるだけだということを忘れないようにしないと。それをどうやって仕事に役立てるかは個人の能力次第ということになるわね。

部長の ヒトコト

　おお、白井さんずいぶんと成長したね！　では、当社の社員に統計学を仕事に役立ててもらえるようにするためにはどうしたら良いか考えてみよう。まずは社員のデータリテラシー（データの活用能力）を伸ばすことが先決だと思う。統計学そのものを学ぶのはその後で良いだろう。いずれにしても、教育研修体系の見直しがが必要になりそうだ。

07
統計学で経営戦略を考える

　食品卸売の市場は、国内人口の減少と高齢化により年々売上が縮小しています。OMフーズをはじめとした中堅卸売業者は「地域密着型営業」と「物流コストの削減」で何とか乗り切ってきました。しかし、大手総合商社は傘下の食品卸会社を統合し巨大化させることで販売力を強化し、厳しい価格競争を仕掛けてきています。また、顧客であるスーパーやドラッグストアもメーカーとの直接取引を増やす「中抜き（卸売業者を使わない）」によって仕入れコストの削減をはかっています。

　「OMフーズは今、生き残りをかけた新しい戦略を実行しなければならない」木下部長はそう考えました。

　しかし、社内には「"お客様のどんな要求にも喜んでお応えします"という創業当初からの社是をさらに徹底せよ！」という役員や管理職も少なくありません。それは社員に今以上の長時間労働を強いることを意味しています。働き方改革関連法案によって残業時間が規制され、有給休暇の取得が義務化されるようになった現在、それは非現実的です。

　木下部長が出した結論は「人の『質』で勝つ戦略」でした。

「社是は社是として残しながら、時間の『量』ではなく、アイデアやノウハウを提供することでお客様の信頼を勝ち取る。そのためには、お客様の課題を見つけることができる『質』の高い人材を育てることが必要だ」そう考えたのです。

そのきっかけは、部下の白井みずきを営業の現場に行かせて、無駄な残業を減らすために必要な情報を集めるよう指示したときのことでした。当初は、統計学を使って残業時間や無駄な作業を「見える化」できれば十分だと思っていました。

ところが、**統計学**は予想以上の成果を生みました。Kストアの**在庫管理**方法を変えるきっかけや、Sマートの新規店舗に関する助言など、それほど難しいことをやったわけではありません。それでも、お客様からはとても感謝され、取引の拡大につながりました。白井みずきの言葉を借りれば「先手を打ってお客様の課題を見つけ、解決のお手伝いをする」、これこそ営業にとって最も大事な仕事であり、これからのOMフーズが生き残る道だと木下部長は考えました。

「白井みずきのようなごく平均的な若手社員に統計学の基礎を学ばせて、営業の第一線で使わせてみる。同時に現場のマネージャーにも統計学が役に立つことを理解してもらう」木下部長は、来期の事業計画に統計学の基礎研修と若手社員の社内出向プランを盛り込むことにしました。

「しかし問題は、古いタイプの役員や管理職がそのことをきちんと理解してくれるかどうかだ・・・」木下部長はそう考えると少し不安になりました。「まずは役員が一番気にしている利益の話から攻めていこう。」

7・1 財務会計と統計学

白井さん、前年度の当社の会計データ、もらってきてくれた？

はい。去年の4月から今年の3月までの、月別の売上高と費用のデータですね。これを使って何をするのですか？

損益分岐点を計算するんだよ。その前に当社のPLを見てほしい。

表7·1 OMフーズ 第XX期 連結損益計算書（単位：百万円）

売上高	50,826	(100.0%)
売上原価	41,526	(81.7%)
売上総利益	9,300	(18.3%)
販売費及び一般管理費	7,937	(15.6%)
営業利益	1,363	(2.7%)
営業外収益	90	(0.2%)
営業外費用	85	(0.2%)
経常利益	1,368	(2.7%)
特別利益	30	(0.1%)
特別損失	20	(0.0%)
税金等調整前当期純利益	1,378	(2.7%)
法人税等	551	(1.1%)
非支配株主に帰属する当期純利益	5	(0.0%)
親会社株主に帰属する当期純利益	822	(1.6%)

PL（Profit & Loss Statement）・・・えーと、**損益計算書**のことですね。前年度の損益計算書を見ると当社の売上は508億円もあるのに**純利益**は8億円くらいしかありませんね。

税金を5億5千万円払っているからね。大事なのは会社の実力つまり本業で稼いだ利益、**営業利益**だ。13億6千万円だから、**売上高**に対して2.7%の**営業利益率**だね。

ということは商品を100万円売っても2万7千円の利益しか残らないということですよね。すごく低いですね。

いや、業界内では高い方だよ。経済産業省のホームページを見ると、卸売業の**売上高営業利益率**は平均1%で、売上2兆円6千億円の業界最大手M食品でも0.7%だからね。卸売業は商品の仕入が費用の大部分を占める。たくさん仕入れてたくさん売ることで少しだけ利益を得ている。問題はこれから先、徐々に利益率が下がっていくと予想されていることだ。

卸売業の将来はどうなってしまうんでしょう。

ここで業界の将来を憂いてもはじまらないよ。OMフーズがこの先どうやって生き残っていくかを考えなくちゃいけない。だから利益率ではなくて**損益分岐点が大事**なんだ。

なぜ損益分岐点なんですか。

損益分岐点分析を行うと利益が生み出される仕組みが見えるからだよ。

利益＝売上－費用、ですよね。

単純に言えばね。では、前年度の月次損益のデータを使って当社の損益分岐点を計算してみよう。

 統計学を学ぶ

損益計算書（P/L）や**貸借対照表**（B/S）といった**財務諸表**は会社の「成績表」および「健康診断書」といえます。私たちが成績表や健康診断書を見たときに、そこに示されている数字を見て「英語をもっと勉強しよう」とか「体脂肪率を下げるためにダイエットしよう」といった、「これからやるべきこと」を考えます。それと同じように、企業は損益計算書や貸借対照表の数字を使って、さまざまな経営判断や施策を行います。

たとえば、来年度の売上高を予測するとします。もし毎月の売上金額が決まっていて変動することがないとしたら、予測は直線を1本引くだけで済みます。しかし、ほとんどの企業では、売上や費用が月毎にばらつくのが普通です。さらに、扱う商品の数が増えればさらにばらつきも大きくなります。

ここまでに学んできたように、統計学は母集団を構成するデータがばらつくことを前提に、母集団の性質を推測する学問です。したがって、会計と統計は一見関係がないように思えますが、実は非常に密接な関係にあるのです。

ここでは財務諸表のデータを使って散布図を描き、回帰直線を導くことで損益分岐点分析を行ってみます。

● **損益分岐点分析**

　損益分岐点とは、損益がゼロ（赤字と黒字の境界点）になる売上高のことです。ある商品を仕入れて売る店舗があるとします。**売値**から**仕入値**（原価）を差し引いた金額が利益になります。この利益を**売上総利益**（粗利＝あらり、小売業や飲食業では**荒利**）といいます。しかし、仕入れ代金の他に従業員の給料や店舗の賃貸料、その他売るための費用（**販売費及び一般管理費**）がかかります。そうしたさまざまな費用に**営業外費用**（支払利息など）を加味したものを**総費用**と呼びます。

　損益分岐点は売上高が総費用と同じになる点です。損益分岐点を超えれば売上が総費用を上回り利益が出ます。逆に売上が総費用を下回っていれば赤字になります。損益分岐点を算定するためには、全ての費用を**変動費**と**固定費**に分ける必要があります。変動費とは売上に伴って発生する費用です。商品の仕入や配送費などです。固定費とは売上に関係なく発生する費用です。**人件費**や家賃などです。業種、業態によって固定費と変動費の比率は異なります。OMフーズのような卸売業の場合は、大規模な生産設備は必要ありませんので、固定費が少なく変動費が大きくなります。

　損益分岐点売上高は次の式で計算することができます。

　　損益分岐点売上高＝固定費÷（1－（変動費÷売上高））

　図にすると売上高、変動費、固定費、利益、損益分岐点の関係がよくわかります（図7・1）。

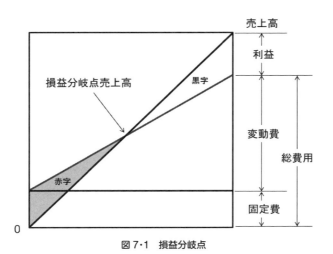

図7・1　損益分岐点

固定費は売上高に関係なく発生しますので、水平に引かれた直線になります。固定費に加えて売上に伴って増えて行く変動費を加えると総費用となります。

利益＝売上－総費用ですから、利益０すなわち売上＝総費用となる売上高が損益分岐点売上高です。グラフでは売上の直線と総費用の直線が交わったところです。

損益分岐点を求めるにはすべての費用（総費用）を固定費と変動費に分ける必要があります。１つ１つの勘定科目（経費）について、固定費か変動費かを決めてしまえば済むように思うかもしれませんが、実際はそう簡単な話ではありません。なぜなら、変動費とも固定費ともいえない複合的な費用がたくさんあるからです。

たとえば、人件費は固定費の代表のような存在ですが、残業代や派遣社員の給与は売上の増加に伴う仕事量に対応する部分は、変動費と考えられます。また、配送用トラックの修繕費も定期的なメンテナスなら固定費、それ以外の故障を修理すれば変動費になります。このように、実務上すべての費用を固定費と変動費に分解するには手間がかかります。一般に損益分岐点という言葉はよく知られていますが、**実際に経営分析**に使っている企業が少ないのはそれが理由なのかもしれません。

ところが、統計学の手法を使うことで費用をいちいち固定費と変動費に分解せずに損益分岐点を導き出すことができるのです。

 統計学を使う

損益分岐点を算出する方法はいくつかありますが、スキャッターグラフ法と最小二乗法では統計学の手法を使います。どちらも過去の売上と費用の実績値を使って散布図を作ることで、損益分岐点を推測します。

表7・2はOMフーズの昨年度の月別の売上と総費用です。総費用はその月に発生した費用をすべて合計したもので、固定費や変動費といった区別はありません。

このデータを使ってExcelで散布図（グラフ）を作り、近似曲線と決定係数（R^2）を表示します（図7・2）。この直線が総費用を表わしています。横軸（x）が売上高、縦軸（y）が総費用です。

スキャッターグラフ法は、散布図を作り目算で総費用線を引いて切片（固定費）と傾き（**変動費率**）を求める方法ですが、Excelでは簡単に近似曲線を表示できるのでその手間は不要です。また、**最小二乗法**は総費用の直線の近似式から固定費と変動費率を求める方法です。これも近似曲線のオプションで「グラフに数式を表示する（E）」をチェックするだけで近似式を表示してくれます。

表7・2 OMフーズ月別売上高と総費用

	売上	総費用	経常利益
4月	3,589	3,775	−186
5月	4,107	4,078	29
6月	3,948	4,120	−172
7月	3,661	3,650	11
8月	5,025	4,888	137
9月	4,666	4,222	444
10月	3,769	3,690	79
11月	4,415	4,125	290
12月	5,584	5,290	294
1月	4,092	3,980	112
2月	3,841	3,480	361
3月	4,128	4,160	−32
合計	50,826	49,458	1,368

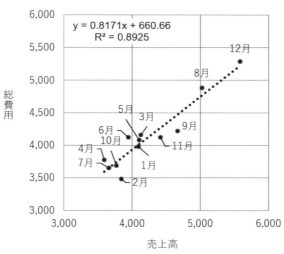

図7・2 OMフーズ月別売上高と総費用

　このグラフは月別の売上と総費用を散布図にしたものです。近似式（$y = 0.8171x + 660.66$）から損益分岐点を計算することができます。なお決定係数（R^2）は 0.8925 とかなり高い値を示しているので、この式は十分実務に使えると考えられます。

この式の中にある係数 0.8171 が変動費率（変動費÷売上高）、切片 660.66 がひと月あたりの固定費の推定値となります。

なお、切片 660.66 は 1 か月分の固定費なので 12 倍し、1 年分にします。1 年分の固定費は $660.66 \times 12 = 7,927.9$ となります。

損益分岐点売上高は売上と総費用が一致する点ですから、$y = x$ として近似式に代入すると次のようになります。

$$x = 0.8171x + 7,927.9$$
$$x - 0.8171x = 7,927.9$$
$$x(1 - 0.8171) = 7,927.9$$
$$x = 7,927.9 \div (1 - 0.8171) = 43,345.5 \text{（損益分岐点売上高）}$$

この式は前出の「損益分岐点売上高＝固定費÷(1−(変動費÷売上高))」と同じものです。

図 7・3 は計算結果に基づいて売上と変動費、固定費、損益分岐点を図で表したものです。

OM フーズの昨年度の売上高は約 508 億円でしたが、売上が約 433 億円を超えたあたりから黒字に転じたことになります。

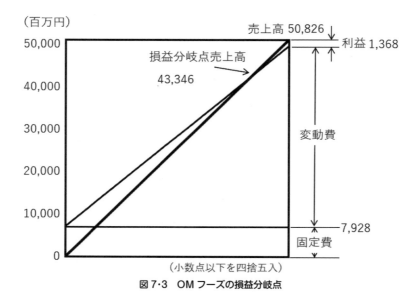

図 7・3　OM フーズの損益分岐点

また、損益分岐点売上高÷売上高×100(%) を**損益分岐点比率**といい、数値が低いほど不況に強い、良好な経営であることを示しています。この値は企業規模や業種によって異なりますが、70%を下回っていれば優良、70%以上90%以下ならば平均的、90%超は危険水準、100%を超えると赤字企業ということになり倒産の危険性が増します。

　OMフーズの損益分岐点比率は 43,346÷50,826 = 85.3% となっており、卸売業の中では比較的良好な方です。卸売業は構造的に固定費が小さく、変動費が大きくなります。仕入価格の変動により利益率が大きく上下しますので、安く仕入れて大量に売ることができれば利益を十分に得ることができます。

　しかし、買い手である小売業が卸売業者を通さず直接メーカーから商品を仕入れたり、大手商社が値引き競争を仕掛けてきたりするとOMフーズのような中堅卸売業者は太刀打ちできません。こうした厳しい環境で生き残って行くためには、損益分岐点を低くして利益が出やすい体質に会社を変えていかなければなりません。

　損益分岐点を下げるには次の方法があります。

① 売値を上げる
② 売上数量を増やす
③ 変動費を下げる
④ 固定費を下げる

OMフーズにとっていずれも難題ばかりですが、検討してみましょう。

①は今まで通りの営業スタイルを続ける限り難しいでしょう。むしろ顧客からの値下げ要求にどう対応していくかが課題です。
②は市場全体が縮小傾向にあるため、競合他社の顧客を積極的に攻略していくしかありません。逆に大手の競合他社に攻め込まれてしまうリスクがあります。
③は仕入先のメーカーや運送会社対して値引き交渉を行い、原価を削減することですがこれも容易なことではありません。
④は人件費や広告宣伝費を削減する、営業所や倉庫を家賃の安い物件に変えるなどが考えられます。しかし、こうした手はすでに打っているはずです。

OMフーズは卸売業者ですから、メーカーのように研究開発に力を入れることは

できません。また、アミューズメントパークのように大規模な設備を持っているわけでもありません。あくまでも営業力つまり「人の力」がすべてです。

木下部長は、損益分岐点が記された散布図のグラフを見てこう考えました。

「すでに固定費はギリギリまで削ってある。メーカーは卸売業者をスキップして小売業者に直接売りたがっている。会社が生き残るためには、売上を増やし、変動費率を下げて利益を出しやすい体質に変える必要がある。」

「たとえば『多少値段が高くてもOMフーズから買おう』とお客様に思ってもらえるようにすること、仕入れた商品を値引きせずに少しでも高く売れるようにすることだ。そのためには従来のような「量」中心の営業から「質」を重視した営業へと変えていかなくてはならない。」

「統計学をそのための道具として使ってみよう。」

みずきの キヅキ

損益分岐点分析では、費用を変動費と固定費に分解するよりも実績値を使って近似曲線を描いた方が簡単ということね。財務会計のデータを統計学で分析するなんてちょっと驚きかも。統計学と会計学って、大学では人気のない科目の1位と2位だったけど真面目に勉強しておくべきだった（反省）。

部長の ヒトコト

会計に限らず統計学がいろいろな分野に使われているのは、問題解決に役立つからだ。マーケティング、生産、流通、人事などあらゆる分野で統計学は活用されている。問題は、多くの社員がそのことを理解しようとしないことだ。やはり社員教育の必須科目として採用する必要がありそうだ。

7・2 統計学が会社を変える

白井さん、君は経営学部出身だったね。**経営戦略**についてどのくらい知っている？

え！ 急に言われても思い出せません・・・というか、勉強した記憶も定かではありません。

定かではないとはすごいね。経営戦略を考えることも経営企画部の仕事だよ。

はい。経営戦略、思い出しました。企業が行う戦略です！

まんまだね。じゃあ、戦略ってなに？ 戦術とどう違うの？

・・・わかりません。明日までに調べて報告します。

うん、前向きなところはとても良いね。でも時間がないからざっと説明するよ。まず、経営戦略だけど「会社が将来にわたって生き残っていくための基本的な方針」だと考えてくれればいい。もちろん、自社だけでなく顧客や競争相手はもちろん、社会環境や経済動向も考慮に入れて決める。

社是とは違うんですか？

社是「お客様のどんな要求にも喜んでお応えします」は社員として持つべき心構えを言葉にしたものだよ。当社の**経営理念**と言ってもいいだろう。経営戦略は会社が将来にわたって進むべき方針を言葉にしたものだ。そして、戦術とは戦略のもとに実行する具体的な計画といえる。

なんとなくわかったような、そうでないような。

残念ながらOMフーズにはきちんとした経営戦略がない。長期経営計画や中期経営計画はあるけど「何年後までにこのくらいの数字を見込んでいます。そのためにこんなことをします」というだけで、なぜそうしなければいけないのか、将来会社をどうしたいのかという視点に欠けている。そこで、君にやってもらいたいことがある。

自信がありません。

おーい、まだ何も言ってないじゃないか。君には「統計学を活かした働き方」について報告書を書いてほしいんだ。と言っても、難しく考えなくていいよ。出向中に勉強してもらった統計学を使ってどうやって成果を得たか、上司や先輩、お客様から何を学んだかを自由に書いてくれればいい。

はい。やってみます。

できればOMフーズが将来どうなれば良いかという意見も付け加えてほしい。これから先何十年も働く立場からの率直な意見を聞きたいんだ。

それは自信がありませんけど、頑張ります。

頼んだよ。期待はしていないけど、楽しみにはしているからね！

はい・・・(小声で) 営業に戻りたいです。

統計学を学ぶ

　統計学はデータという「量」を扱う学問です。しかし、その本来の目的は「質」を改善するためにあります。統計学を利用することで、残業時間や顧客への訪問回数、売上、費用、在庫、人件費などさまざまなデータを統合し、分析した結果を数値で表現することができます。数値自体は確率的なあいまいさを含んだ「量」ですが、それをどのように解釈し、仕事や生活に役立てていくのかを考えるのは人間です。

　働き方改革は、残業時間やオフィスの消灯、有給休暇の強制取得といった「量」の改革ではありません。統計学で導かれた「量」を利用して仕事の「質」を高めていく改革であるべきです。統計学を学ぶことは、仕事や生活をより良く変えていくための手段を手に入れることです。

 統計学を使う

　みずきは南支店の営業課で、統計学を使って「できたこと」を箇条書きにしてみました。

- 偏差値という考え方を使って残業時間を意識してもらうことができた。
- お客様への訪問回数が必ずしも売上に直結しないことを相関係数と散布図で示すことができた。
- 区間推定で商品の特徴（平均値、標準偏差）を推定することができた。
- お客様の出店計画を分析して提言することで課題を解決するお手伝いができた。
- お客様のからの急な「割り込み仕事」が残業の大きな原因になることを突き止めた。

　みずきは、こうした営業部で経験したことを報告書にまとめました。木下部長からは「事実」と「意見」を分けて書くようにと言われていたので、報告書の最後に次のような意見（提言）を書きました。

よく「人財」という言葉を目にしますが、本当の財産は人ではなくお客様からいただく「信頼」だと思います。お客様から信頼されるためには「何度も会って、どんな話でも聞いて、どんな要求にも応える」ことが必要です。しかし、それはお客様の言いなりになることではありません。それでは逆に信頼が失われてしまいます。

　出向先の南支店の営業部では、「お客様が何に困っていて、どうしたいのか」統計学を使って把握し、お役に立てる提案をすることできました（具体的な内容はすでに報告済みなので省略いたします）。

　たとえばスーパーの店長さんは「発注管理が上手く行かない」と思っていても、日常業務が忙しくその原因を探る余裕がありません。統計学を使えば現場に蓄積されているデータを集め、整えて、その特徴や傾向をわかりやすく表現できます。そこから見えてきた課題（困っていること）に対して、当社はメーカーと小売りの間にいる立場から、お役に立つアイデアや意見をお伝えすることができます。

　このように、統計学は「課題を見つける」ための道具としてとても役に立ちます。もちろん解決するのはお客様自身ですが、解決に向けて少しでも貢献できればお客様から大いに信頼していただけます。それが当社の売上につながっていくと考えます。

　以上のように、これからの営業部員はお客様の課題を見つける力を持つ必要があると思います。当社の営業部員が統計学の基礎知識とExcelの使い方を身につけることができれば、今以上にお客様から信頼されるようになると思います。

　みずきのレポート読んだ木下部長は経営戦略の案とそれを実現するための戦術案を作ってみました。「ちょっと堅いかな。とりあえずこれで経営会議に出してみよう」

経営戦略
「お客様の課題解決を通じて共に成長していく」
戦術
「お客様の課題がわかる人材を育てる」

　木下部長は、みずきを呼びました。

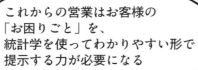

エピローグ

参考文献

　統計学の基礎は独学で学ぶことができます。まず1冊手に取ってじっくり読んでみましょう。

● **仕事でExcelを使っているビジネスパーソン向け**
● 「7日間集中講義！ Excel統計学入門 データを見ただけで分析できるようになるために」米谷 学、2016年（オーム社）
● 「Excelで学ぶ 統計解析入門 Excel 2016/2013対応版」菅 民郎、2016年（オーム社）
● 「やさしく学ぶ データ分析に必要な統計の教科書（できるビジネス）」羽山 博、2018年（インプレス）

● **理論を基礎からしっかり学びたい人にお勧め**
● 「コンパクト統計学（コンパクト経済学ライブラリ）」川出 真清、2011年（新世社）
● 「まずはこの一冊から 意味がわかる統計学」石井 俊全、2012年（ベレ出版）
● 「品質管理の統計学 — 製造現場に生かす統計手法」関根 嘉香、2012年（オーム社）

● **マンガで学ぶならこの本。もはや定番**
● 「マンガでわかる 統計学」高橋 信、2004年（オーム社）

● **数学をすっかり忘れてしまった人はこの本から始めましょう**
● 「やさしい高校数学（数Ⅰ・A）」きさらぎ ひろし、2012年（学研プラス）

● **仕事に「先手」を打つには？こちらをお読みください**
● 「突発的な仕事に先手を打つ 残業ゼロのビジネス整理術」芳垣 玲子、2014年（税務経理協会）

索引

[英字]

AI　*95*
Excel の散布図　*39*
KKD　*89*, *108*
p 値　*113*, *142*, *152*, *158*
R. A. フィッシャー　*117*
t 検定　*114*
t 値　*75*, *112*, *158*
t 分布　*75*, *113*, *124*
t 分布表　*76*

[ギリシア文字]

χ^2 検定　*130*
χ^2 値　*127*
χ^2 分布　*124*, *126*

[あ行]

当てはまりの良さ　*40*
アドイン　*138*
荒利　*165*
粗利　*165*
アンケート　*126*, *156*
安全係数　*91*
安全在庫量　*90*, *91*

移動平均　*54*

イベント数　*120*
因果関係　*35*, *144*

売上　*166*
売上総利益　*165*
売上高　*163*
売上高営業利益率　*163*
売値　*165*

営業外費用　*165*
営業利益　*163*
営業利益率　*163*

大手総合スーパー　*59*
オプション　*138*

[か行]

回帰曲線　*54*
回帰式　*40*, *49*, *97*, *137*
回帰直線　*54*, *164*
回帰分析　*40*, *106*, *135*, *151*
階級　*20*, *69*
階級幅　*65*
階乗　*123*
外挿　*98*, *149*
ガウス分布　*65*
確率密度関数　*65*, *91*

仮説　*111*, *131*
仮説検定　*116*
片側境界値　*114*
片側検定　*114*
偏り　*63*
間隔尺度　*83*, *150*, *156*
関数電卓　*123*
観測数　*141*
観測値　*126*
勘と経験と度胸　*89*

棄却　*112*, *132*
棄却域　*111*, *129*
危険度　*79*
危険率　*79*, *112*, *142*
疑似相関　*144*
記述統計学　*10*, *62*
季節指数　*92*
季節変動　*92*
期待値　*126*
基本統計量　*10*
帰無仮説　*112*, *127*
「逆」残業偏差値　*30*, *34*, *109*
「逆」偏差値　*28*
急な依頼　*122*, *125*
境界値　*128*
緊急だが重要ではない　*130*
緊急で重要　*130*

緊急ではないが重要　130
緊急でも重要でもない　130
緊急度　130
近似曲線　39, 44, 49, 54, 97
近似曲線の書式設定　44
近似曲線の追加　39
近似式　166
近似直線　46

区間推定　68, 75, 173
グラフにR−2乗値を表示する(R)　39, 44
グラフに数式を追加する(E)　39, 44
グラフ要素　43
グロサリー　86, 89
クロス集計表　84, 127

経営戦略　171
経営分析　166
経営理念　171
決定係数　40, 50, 54, 97, 141, 167
欠品許容率　91
結論　111
限界訪問件数　52
検定　111
検定統計量　111
検定の種類　116

誤出荷　118
固定費　165

[さ行]

在庫管理　87, 90, 162

採算性　87
最小値　12
最小二乗法　49, 166
最大値　12
最頻値　12
財務諸表　164
残業偏差値　24
散布図　36, 49, 55, 97, 164, 173
サンプル　63, 74, 126
サンプルサイズ　63, 75
サンプル数　63
サンプル調査　62

仕入値　165
指数近似　54
自然対数の底　120
実験　111
実測値　126
質的データ　83, 150
地場スーパー　59
事務作業　122
重回帰式　137
重回帰分析　135, 142, 151, 155
重決定R2　141
従属変数　35
自由度　74, 114, 128
自由度調整済み決定係数　141, 153, 158
重要度　130
出現回数　120
出力オプション　140
順序尺度　83, 150, 156
純利益　163
商品廃棄　88
人件費　165

人工知能　95
信頼区間　75, 128
信頼度　75

推測統計学　10, 62, 111
推定　68
推定作業　69
推定量　75
数量化Ⅰ類　151
スキャッターグラフ法　166
スタージェスの公式　20

青果　86
正規分布　27, 64, 75, 91, 114, 120, 157
生鮮　89
生鮮3部門　86
精肉　86
正の相関　36, 137
説明変数　35, 135, 150, 155
セルの値(E)　43
鮮魚　86
全数　79
全数調査　10
先手　132

相関関係　35, 37, 49, 98, 144, 173
相関係数　38
惣菜　86
総費用　165
属性変数　126
その他のオプション…　44
損益計算書　163
損益分岐点　162, 165
損益分岐点売上高　165

損益分岐点比率　169
損益分岐点分析　50, 165

［た行］

対応のある 2 組の平均値の差
　の検定　111
対応のある 2 標本の t 検定
　111
大規模店　96, 133, 146
貸借対照表　164
対数近似　54
対立仮説　112, 127
多項式　55
多項式近似　54
多重共線性　143
多重クロス　84
棚割　59, 118
多変量解析　137
ダミー変数　151, 156
単回帰式　97, 135
単回帰分析　97, 135

中央値　11
抽出　62
超越数　120
直線近似　55

強い正の相関　37, 144
強い負の相関　37

データ分析　138
データラベル　43
点推定　68, 75
電卓　123
店舗在庫　88

統計学　9, 24, 72, 90,
　116, 162, 173
統計関数　88
統計的仮説検定　111
糖度　60, 73
独立変数　35
度数　20
度数分布表　20
突発的な割り込み　121

［な行］

内挿　98
内的妥当性　35

日配　86, 89

納期管理　122

［は行］

廃棄　91
バイヤー　73
バックヤード　90
発注　90
発注点　92
ばらつき　17, 62, 91,
　106, 164
販売促進　59
販売促進費　139
販売費及び一般管理費　165

ヒストグラム　20, 64
否定　117
標準化　28, 66
標準正規分布　66

標準偏差　18, 26, 38, 66,
　75
標本　63
標本誤差　75
標本数　63
標本調査　62
標本の大きさ　63, 75
標本分散　68, 74
標本平均　68
比例尺度　83, 150

負の相関　36, 137
不偏分散　74
不良品　118
プロット　36
分散　17, 26
分析ツール　138

平均　65, 120
平均値　10, 91
隔たりの大きさ　128
偏差　17
偏差値　22, 25, 66, 173
偏差値の計算式　28
変数　137
変動費　165
変動費率　166

ポアソン分布　119
母集団　10, 62, 114
補正 R2　141, 153, 158
母分散　62, 74
母分散の推定　75
母平均　62

[ま行]

マルチコ　*143*

見える化　*82, 90, 162*

無作為抽出　*63*
無相関　*37*

名義尺度　*83, 150, 156*
命題　*117*

目的変数　*35, 135, 150, 155*

[や行]

ヤーキーズ・ドットソンの法則　*99*

有意確率　*112, 142*
有意差　*114*
有意水準　*79, 111, 112*
有意水準　*113, 128*

[ら行]

ランダムサンプリング　*63*

リードタイム　*90*
利益　*164*
利益率　*90, 164*
離散量　*65*
両側検定　*114*
量的データ　*83, 150, 156*
理論値　*126*

累乗近似　*54*

連続量　*65*

■ 著者略歴

平野 茂実（ひらの しげみ）

新潟市出身。
株式会社人材育成社 代表取締役
武蔵大学経済学部卒業、東京都立科学技術大学大学院博士後期課程中退
株式会社横河電機製作所（現 横河電機）、横河ヒューレット・パッカード株式会社（現 日本HP）、キヤノン株式会社、神奈川大学経済学部助教授を経て、企業および自治体の研修を行う（株）人材育成社を設立。首都大学東京（2020年4月より東京都立大学）大学院システムデザイン研究科 非常勤講師。

■ 主な研修テーマ

働き方改革、仕事の渋滞解消のほか、財務会計・管理会計、統計分析、マーケティングなどを担当。「すべてのビジネスパーソンの数字力を高めるわかりやすい研修」をテーマに掲げ、多くの企業、自治体から10年以上のリピートを獲得している。

■ 主な著書（共著）

「エンジニアのためのコミュニケーションの技術」（あさ出版）
「1日でわかる最新Bluetooth」（KKベストセラーズ）

■ 連絡先

ホームページ：http://www.jinzaiikuseisha.jp
eメール：info@jinzaiikuseisha.jp
ブログ：https://blog.goo.ne.jp/jinzaiikuseisha

- 本書の内容に関する質問は，オーム社書籍編集局「（書名を明記）」係宛に，書状またはFAX（03-3293-2824），E-mail（shoseki@ohmsha.co.jp）にてお願いします．お受けできる質問は本書で紹介した内容に限らせていただきます．なお，電話での質問にはお答えできませんので，あらかじめご了承ください．
- 万一，落丁・乱丁の場合は，送料当社負担でお取替えいたします．当社販売課宛にお送りください．
- 本書の一部の複写複製を希望される場合は，本書扉裏を参照してください．

JCOPY ＜出版者著作権管理機構 委託出版物＞

働き方の統計学 ― データ分析で考える仕事と職場の問題 ―

2019年11月25日　第1版第1刷発行

著　　者　平野茂実
発 行 者　村上和夫
発 行 所　株式会社 オーム社
　　　　　郵便番号　101-8460
　　　　　東京都千代田区神田錦町3-1
　　　　　電話　03(3233)0641(代表)
　　　　　URL　https://www.ohmsha.co.jp/

© 平野茂実 2019

印刷・製本　三美印刷
ISBN978-4-274-22437-9　Printed in Japan

好評関連書籍

統計学図鑑

栗原伸一・丸山敦史［共著］
ジーグレイプ［制作］

A5判／312ページ／定価（本体2,500円【税別】）

「見ればわかる」統計学の実践書！

本書は、「会社や大学で統計分析を行う必要があるが、何をどうすれば良いのかさっぱりわからない」、「基本的な入門書は読んだが、実際に使おうとなると、どの手法を選べば良いのかわからない」という方のために、基礎から応用までまんべんなく解説した「図鑑」です。パラパラとめくって眺めるだけで、楽しく統計学の知識が身につきます。

数学図鑑
～やりなおしの高校数学～

永野 裕之［著］
ジーグレイプ［制作］

A5判／256ページ／定価（本体2,200円【税別】）

苦手だった数学の「楽しさ」に行きつける本！

「算数は得意だったけど、数学になってからわからなくなった」
「最初は何とかなっていたけれど、途中から数学が理解できなくなって、文系に進んだ」
このような話は、よく耳にします。本書は、そのような人達のために高校数学まで立ち返り、図鑑並みにイラスト・図解を用いることで数学に対する敷居を徹底的に下げ、飽きずに最後まで学習できるよう解説しています。

もっと詳しい情報をお届けできます。
◎書店に商品がない場合または直接ご注文の場合は右記宛にご連絡ください。

ホームページ https://www.ohmsha.co.jp/
TEL／FAX TEL.03-3233-0643 FAX.03-3233-3440

（定価は変更される場合があります）